반딧불이
통신

반딧불이 통신

지상의 별, 반딧불이 이야기

| 한영식 글　홍승우 그림 |

반딧불이처럼 사랑스러운

내 아내와 아들에게

이 책을 바칩니다.

책을 시작하며
생명의 빛을 만나다

　내가 반딧불이를 만난 것은 딱정벌레 동아리를 만들고 딱정벌레를 연구한 지 3년째 되는 해였다. 생물학의 모든 분야에 관심이 많았던 나는 대학 3학년이 되자 학교 생물학과의 여러 실험실들을 기웃거리며 살펴보곤 했다. 그중에도 유독 관심이 가는 실험실이 있었다. 바로 동물 분류학 실험실이었다.

　그곳에는 나보다 먼저 졸업 논문을 쓰고 있던 동기 친구 승훈이와 현경이가 있었다. 딱히 그 친구들을 만나 볼 이유도 없었지만 이런저런 이유를 만들어 가며 실험실을 자주 들렀다. 그러던 차에 동물 분류학 실험실에서 반딧불이를 연구한다는 소식을 들었다. 반딧불이도 딱정벌레에 속하기 때문에 늘 내 관심의 일부였다. 그러나 자동차도 없고 채집 장비도 없었기에 야행성 곤충은 연구할 엄두도 못 내고 있었다. 내가 빌붙을 수 있는 실험실에서 반딧불이를 연구한다는 것은 너무 기쁜 소식이 아닐 수 없었다.

며칠 후 실험실에서 반딧불이 채집을 가는 데 같이 가자고 친구가 제안했다. 연구를 책임 지고 계신 선생님께서도 같이 가자고 하셨다. 그래서 1996년 6월 3일, 처음으로 반딧불이를 관찰하기 위해 숲으로 갈 수 있었다. 그 소식을 들은 게 그날 오후, 그것도 저녁이 다 된 시간이었기에 마음부터 바빠지기 시작했다. 챙겨야 할 물건도 많고 시간은 촉박했기에 하던 일을 몽땅 팽개치고 집으로 달려갔다. 마음이 바빠서 무얼 챙겼는지 모르지만 반딧불이를 만난다는 설렘에 가슴은 계속 콩닥콩닥 뛰고 있었다. 겨우 마음을 진정시키고 등산화 끈을 매고 집을 나섰다.

실험실에 모여 준비물들을 마지막으로 확인한 후, 차에 올랐다. 공기 좋은 밤거리를 달리는 기분은 매우 상쾌했다. 인적이 드물어 다른 차들도 거의 없었다. 오직 반딧불이만을 만나러 가는 고속도로 같았다. 1시간도 안 되어 강촌에서 멀리 떨어지지 않은 오양골에 도착했다. 산으로 둘러싸인 작은 마을이었다. 소음이라곤 곤충들의 울음소리와 개 짖는 소리뿐이었다.

내리자마자 우리는 모두 분주해졌다. 헤드랜턴을 쓰고 각반을 차고 채집통을 넣고 포충망을 들고 등산화 끈을 다시 한번 동여맸다. 어둡지만 모든 불을 껐다. 슬슬 우리의 눈은 어둠에 적응하기 시작했고 사물들이 보이기 시작했다. 산길을 걸어서 올라갔다. 눈을 휘둥그레 뜨고 반짝이는 것만을 찾았다. 300미터 정도를 걸어갔지만 아무것도 보이지 않았다. 그러나 가슴은 계속 쿵쾅거리며 뛰었다.

그때였다. 반딧불이 한 마리가 나타났다. 너나할 것 없이 포충망을 휘두르며 달려갔다. 그러나 반딧불이는 유유히 산속으로 들어가 버렸다. 안타까워하며 몇 걸음 더 가 보니 나지막한 산비탈이 있었는데 그곳에는 반딧불이가 잔뜩 모여 있었다. 온마을이 반딧불이가 다 나온 듯했다. 나는 벌써 반딧불이를 향해 뛰고 있었다. 하늘 위로 사라져 가는 반딧불이를 잡기 위해 펄쩍펄쩍 뛰며 포충망을 휘둘렀다. 그리고 허겁지겁 반투명한 포충망 속을 살폈다. 반딧불이의 불빛이 포충망 속에서 반짝였다. 채집통에 옮겼다. 채집통이 마치 청사초롱이 된 듯했다.

깜빡거리는 반딧불이를 넣 놓고 가만히 바라보았다. 내 생애 처음으로 잡아 본 반딧불이의 따뜻한 불빛은 내 마음을 동심으로 돌려놓았다. 그 불빛에서는 강인한 생명력이 전해져 왔다. 파파리반딧불이였다.

채집은 밤새 이어졌다. 논에 빠지기를 여러 번, 언덕에서 구르기를 수십 번, 포충망 헛스윙을 수백 번 하다 보니 조금씩 이력이 붙는 것 같았다. 처음 잡았던 파파리반딧불이 몇 마리는 물론, 처음 보는 애반딧불이도 채집하는 데 성공했다.

내가 이리저리 구르고 있는 동안 다른 이들이 실험에 필요한 만큼 채집했는지 돌아가자는 선생님의 말씀이 들렸다. 실험실로 오는 내내 두 종류의 반딧불이를 번갈아 보면서 눈을 떼지 않았다. 애반딧불이는 사육할 애벌레를 얻기 위해서 짝짓기를 시켜 주고, 파파리반딧불이는 발광을 측정한다고 했다. 실험실에서 채집 결과를 정리하고 장비를 두고 나오니 해가 뜨고 있었다. 뜻하지 않게 이루어졌던 반딧불이와의 첫만남, 그 신비롭고 행복했던 기억은 아직도 내 가슴속에 남아 있다.

그 후 나는 반딧불이에 대해 미친 듯이 파고들었다. 문헌과 자료를 찾고 실험과 채집에 빠지지 않고 참여했다. 어떤 반딧불이 종인지 분석하는 동정 작업에도 몰두했고, 수많은 표본 더미 사이에서 밤 새우기를 반복했다. 결국 반딧불이를 연구해 졸업 논문을 썼고, 반딧불이에 좀 더 알고자 대학원에 진학했다.

나를 이렇게 만든 것은 무엇이었을까? 반딧불이의 불빛이 잊혀진 나의 동심을 자극했기 때문일까? 아니면 나는 반딧불이 불빛 사이에서 무엇을 보았던 것일까?

아무튼 반딧불이와 나의 만남은 이렇게 시작되었다.

반딧불이의 사계

지붕에 매달린 고드름에서 물방울이 똑똑 떨어진다. 따뜻한 햇살과 함께 봄이 시작되는 것이다. 겨우내 바들바들 떨던 나무의 씨눈들도 너나없이 싹을 틔운다. 겨울잠에 빠졌던 생명들도 하나둘 기지개를 켠다. 바야흐로 뭇 생명들이 새로운 봄을 만끽하기 위해서 부리나케 깨어난다. 그 수많은 생명들과 함께 반딧불이 애벌레들도 활동을 시작한다. 혹독한 겨울을 견뎌 낸 반딧불이 2세들은 대부분 애벌레 상태로 먹이 사냥을 하며 봄을 보낸다.

여름, 반딧불이들은 이 계절에 몇 번의 허물벗기(탈피)를 마치고, 성충이 된다. 한낮의 뜨거움도 어느 정도 식은 밤이 되면 반딧불이들이 빛을 깜빡거리며 외출에 나선다. 여름밤의 하늘을 아름답게 장식하는 '지상의 별'들의 등장이다.

여름밤 성충 반딧불이는 배우자를 찾기 위해 필사적으로 빛을 깜빡인다. 사랑을 갈구하는 구애 행동이다. 사랑 고백을 받은 암컷도 화답을 한다. 드디어 반딧불이 한 쌍이 만나 사랑을 확인한다. 둘은 사람 눈에 잘 띄지 않는 곳에서 교미(짝짓기)라는 사랑 의식을 치른다. 여름밤은 반딧불이의 은근한 사랑으로 한층 더 깊어진다.

사랑을 마친 반딧불이들은 곧 죽음을 맞이한다. 사랑이 곧 반딧불이의 목숨을 앗아간다. 애처롭지만 그것이 자연의 이치이다. 반딧불이들의 죽음과 함께 여름이 끝나고 가을이 시작된다. 하지만 반딧불이 2세가 있기에 부모의 희생은 값지다. 가을 수풀 속의 반딧불이의 알들이 가끔씩 빛을 내며 반딧불이 종족의 삶이 계속됨을 알린다.

한 달 정도 지나면 애벌레들이 알을 깨고 나온다. 그들은 뭍과 물속을 누비며 다슬기나 달팽이 같은 먹이를 찾아 나선다. 살아남기 위해서 먹어대는 것이다.

다시 겨울이 온다. 반딧불이들 역시 다른 동물들과 마찬가지로 겨울을 이겨 내야 한다. 애벌레로 추운 겨울을 보내는 반딧불이는 얼어 죽지 않기 위해 가지고 있는 수분들을 최대한 많이 버리고 겨울잠에 들어간다. 어떻게든 살아남아야 봄이 다시 왔을 때 새로운 사랑을 할 수 있기 때문이다

그 많던 반딧불이는 다 어디로 갔을까?

반딧불이는 사계절을 살아가는 곤충이다. 그러나 우리는 화려한 반딧불이의 여름만을 알 뿐 그들이 견뎌 내는 사계절은 보지 못한다. 그러나 반딧불이는 고통의 계절을 참아내며 화려한 계절을 꿈꾼다.

다른 모든 지구 생명처럼 반딧불이는 외유내강(外柔內剛)의 곤충이다. 깜빡깜빡 꺼질 듯하지만 결코 사라지지 않는 반딧불이의 불빛은 끈질긴 생명의 상징이다. 그 아름다운 불빛 이면에는 반딧불이의 치열한 삶이 감춰져 있다.

반딧불이는 정(情)의 곤충이다. 반딧불이를 생각하는 것만으로 마음 한편이 따뜻해지는 것은 나만이 아닐 것이다. 이렇게 사람의

정서에 영향을 주는 곤충을 정서 곤충이라고 한다.

그러나 이제 반딧불이는 추억의 곤충이 되어 가고 있다. 현재 전국 각지를 휩쓸고 있는 개발 광풍에 밀려 우리 곁을 떠나고 있는 것이다. 도로가 하나 생길 때마다, 건물이 하나 들어설 때마다, 논이 공장으로 바뀔 때마다 반딧불이의 자연 서식지가 하나하나 사라져 간다. 그에 따라 빛의 춤을 추는 반딧불이들의 수도 매년 줄어 간다. 반딧불이는 이제 정말 추억의 곤충이 되고 말까?

여름이 되어 땀이 등에 송글송글 맺힐 때가 되면 반딧불이가 그렇게 그리울 수가 없다. 그러나 이제 내가 반딧불이를 처음 만났던 곳에서는 반딧불이를 만날 수 없다. 술집, 모텔, 관광 시설 등이 반딧불이들이 사랑을 나누던 곳을 점령했기 때문이다. 그 많던 반딧불이들은 다 어디로 갔을까?

이 책은 반딧불이에 대한 그리움이 없었다면 나올 수 없었을 것이다. 내 마음속 깊은 곳에서 꺼질 듯 꺼질 듯 작은 불빛을 내고 있는 반딧불이가 이 책을 쓰는 내내 나의 길잡이가 되어 주었다.

이 책은 반딧불이들이 사계절을 어떻게 헤쳐 나가는지를 그린 책이다. 한국의 대표적인 반딧불이 종인 파파리반딧불이, 애반딧불이, 늦반딧불이들이 어떻게 삶과 사랑을 일구어 가는지 좇으면서, 내가 알고 있는 한 가장 많은 이야기를 하고 싶었다.

　이 책은 반딧불이들에게 보내는 통신이다. 어서 돌아오라는. 그리고 사람들에게 보내는 통신이기도 하다. 반딧불이들이 돌아올 수 있는 환경을 만들자는. 이 책이 사람들이 마음속 한구석에 웅크리고 있을 반딧불이의 불빛을 발견할 수 있도록 만들었으면 좋겠다. 그래서 반딧불이들의 사랑스러운 날갯짓이 더 넓게, 더 자유롭게, 더 아름답게 펼쳐지면 좋겠다.

　10년 전 반딧불이의 군무 아래에서 내가 느꼈던 감동을 아직도 잊을 수가 없다. 그때로 다시 돌아가고 싶다.

차례

책을 시작하며 　생명의 빛을 만나다 　7
개똥벌레 노트 　채집 준비물 　19
개똥벌레 노트 　반딧불이의 몸 구조 　20

첫 번째 이야기 　**밤하늘의 피겨스케이팅** 　21
　　　　　　　개똥벌레 노트 　파파리반딧불이 　30

두 번째 이야기 　**반딧불이의 빛은 어디서 오나?** 　31

세 번째 이야기 　**별빛 왕자의 사랑 고백** 　43
　　　　　　　개똥벌레 노트 　애반딧불이 　56

네 번째 이야기 　**반딧불이의 한살이** 　57

다섯 번째 이야기 　**반딧불이는 무얼 먹고사나?** 　67

여섯 번째 이야기 　**반딧불이는 얼마나 살까?** 　75
　　　　　　　개똥벌레 노트 　늦반딧불이 　86

일곱 번째 이야기 　**반딧불이 축제의 주인공은 누구?** 　87
　　　　　　　개똥벌레 노트 　무주 반딧불 축제 연혁 　100

| 여덟번째 이야기 | **환경 보호는 반딧불이 보호부터** 101 |

  개똥벌레 노트 채집 요령 1 112

아홉 번째 이야기	**반딧불이 키우기** 113
열 번째 이야기	**반딧불이의 족보** 129
열한 번째 이야기	**반딧불, 반딧불이?** 143

  개똥벌레 노트 채집 요령 2 154

| 열두 번째 이야기 | **반딧불이로 책을 읽어 봤나요?** 155 |

  책을 마치며 추억의 빛, 반딧불이 169
  더 읽을 만한 책들 175

개똥벌레 노트~*

채집 준비물

반딧불이는 야행성 곤충이므로 채집은 어두운 밤에 이루어진다. 따라서 채집 준비를 할 때에는 꼼꼼하게 챙겨야 한다.

곤충 채집의 기본 준비물인 포충망, 채집통, 필기구는 물론이고, 야간 작업을 위한 헤드랜턴과 손전등, 그리고 발목을 뱀이나 사고로부터 보호해 주는 등산화나 각반이 필요하다.

반딧불이의 몸 구조 (늦반딧불이)

첫 번째 이야기

밤하늘의 피겨스케이팅

지상의 별을 쫓는 여행자

하늘이 어둑어둑해지더니 갑자기 빗방울이 쏟아졌다. 그러나 지나가는 소나기였는지 곧 개었다. 하늘이 갠 것도 잠깐, 선홍빛 노을로 물들더니 어두운 밤이 사르르 찾아온다.

1996년 6월, 그때 나는 밤만 되면 등산 조끼, 등산모, 등산화를 신고, 집을 나서 산으로 들로 반딧불이를 쫓아다녔다. 야행성 곤충처럼 밤에 나가 새벽이 되어야 집에 기어 들어왔다.

실험실에서 채집통과 포충망을 챙기고 광부들이 쓰는 헤드랜턴을 가방에 넣으면 채집 준비 끝. 헤드랜턴을 쓰면 두 손을 자유롭게 쓸 수 있다. 야간 채집의 필수품이다.

실험실을 나갔다가 급하게 실험실로 돌아갔다. 낮에 비가 내렸다는 것을 기억해 냈기 때문이다. 여름이라고 해도 비가 오고 나면 밤에는 상당히 춥다. 여름이라서 점퍼도 준비하지 않고 산에 채집하러 갔다가 벌벌 떤 적이 여러 번이었다. 점퍼를 챙겨 입고 차에 올랐다.

차를 몰아 춘천 근교로 나갔다. 산과 들이 만나는 곳을 찾아 나섰다. 도시의 불빛은 어느새 등 뒤로 사라지고 가로등 불빛조차 없는 시커먼 어둠이 차를 감싸기 시작했다. 그러나 멀리 산그림자 뒤에서 밝게 빛나기 시작한 별들이 방향을 알려 주었다.

목적지에 도착했다. 포충망 등 채집 장비를 챙겨 들고 차에서 내렸다. 하루의 피로가 몰려들어 팔다리에 힘이 없기는 했지만 눈 주위의 힘을 풀지 않았다. 해지기 전에 내렸던 비 탓인지 서늘했다. 사방은 고요하고 들리는 것은 내 옷과 몸이 부딪치는 바스락 소리 정도였다.

포충망을 꽉 쥐고 눈동자를 열심히 굴렸다. 마음속으로는 오로지 오늘의 목표, 반딧불이만 생각했다. 머릿속에 반딧불이 생각이 가득해서인

지 달빛에 반짝이는 풀잎들이나 고요한 연못에 비친 별빛 그림자가 반딧불이처럼 보였다. 불빛이라고는 달빛과 별빛밖에 없는 시골이었지만 내 눈은 움직이는 사물을 단 하나도 놓치지 않고 요리조리 움직였다. 비가 온 탓인가, 시간이 아직 이른 것인가, 반딧불이가 한 마리도 보이지 않다니.

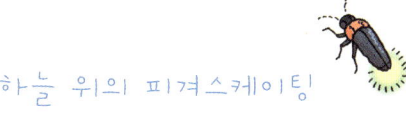

하늘 위의 피겨스케이팅

그때였다. 풀벌레들이 한꺼번에 울기 시작했다. 야행성 곤충들의 울음소리가 밤하늘 아래 퍼져 나갔다. 그리고 한 쌍의 불빛이 피겨스케이팅 선수처럼 밤하늘에 동그라미를 우아하게 그리며 나타났다. 풀벌레들의 울음소리는 오케스트라의 반주 같았고, 밤하늘의 달과 별은 빙판을 비추는 조명과도 같았다.

하늘 한쪽 구석에 불빛을 그렸다 사라지는 별똥별은 반딧불이의 묘기에 환호하는 자연이 터뜨린 폭죽 같았다. 한 쌍이던 불빛도 어느새 내 주위를 가득 채우고 있었다. 다들 어디 숨어 있다가 튀어 나온 것일까.

반딧불이의 묘기에 취해 반딧불이를 채집할 생각도 못 하다가 급하게 허둥지둥 포충망을 휘둘렀다. 몇 마리가 잡혔다. 살펴보니 역시 다 수컷이었다. '역시'라니? 우리나라에 서식하는 반딧불이 종류들은 대부분 수컷만이 하늘을 날 수 있기 때문이다. 반딧불이 암컷들은 날개가 아예 없거나 퇴화되었다.

반딧불이 세계에서는 수컷들은 온갖 용을 쓰면서 불빛 춤을 추고 암컷들은 편한 객석에 앉아 그들의 춤을 감상하기만 하면 된다. 그리고 마음에 드는 수컷이 나타나면 가끔 불빛으로 맘에 든다는 신호만 보내 주면 된다.

우리나라에 서식하는 대표적인 반딧불이로는 늦반딧불이, 파파리반딧불이, 애반딧불이기 있다. 늦반딧불이 암컷은 날개가 완전히 퇴화되어 날개가 아예 남아 있지 않다. 파파리반딧불이 암컷은 날개가 있기는 하지만 겉날개만 있을 뿐 속날개가 퇴화되어 날 수가 없다. 그러나 유독 애반딧불이만은 암수 모두 날 수 있다.

밤이 깊어지자 기온이 더 내려갔다. 점퍼의 지퍼를 끝까지 다 올렸다. 포충망을 잡은 손이 시려 온다. 잎가에는 입김이 나온다. 달이 기울며 아름다운 반딧불이의 쇼도 슬슬 끝나 가기 시작한다. 이리저리 다니며 채집하다 보니 시간은 어느새 오전 2시 30분, 반딧불이들이 잠자리에 들 시간이다. 반딧불이의 주된 활동 시간은 밤 10시부터 새벽 3시까지인데, 자정을 전후하여 가장 활발하게 활동한다. 하나둘 사라지기 시작하는 별들처럼 반딧불이가 사라지기 시작하자 내 마음도 급해졌다. 나도 모르게 뛰면서 포충망을 휘둘러 반딧불이들을 담았다. 사랑 부족한 내 마음을 반딧불이의 별빛으로 채우려는 것처럼.

반딧불이 불빛은 뜨거울까, 차가울까?

일단 채집은 끝났다. 포충망과 채집통에 잡혀 있는 반딧불이들은 은은한 빛을 내고 있었다. 나는 불빛을 한참 동안 뚫어지게 바라봤다. 혹시 불빛에 포충망이 녹지는 않을까? 그래서 포충망을 뚫고 반딧불이가 도망가지 않을까? 이런 엉뚱한 생각이 고개를 든다. 조심스럽게 한 마리 꺼내 반딧불이의 꽁무니에 손을 가져다 댄다. 그러나 반딧불이의 불빛에서는 아무런 열기도 느껴지지 않는다.

반딧불이가 꽁무니에서 내는 불빛은 말 그대로 열 없는 빛, 냉

광(冷光)이다. 예전에 반딧불이가 흔할 때, 아이들은 여름밤이 되면 반딧불이의 발광(發光) 마디인 배 부분을 눈가에 비벼서 귀신 흉내를 내며 재밌게 놀았다. 그렇지만 반딧불이의 발광 마디가 뜨겁다면 상상이나 할 수 있는 놀이일까? 뜨거운 발광 마디를 눈에 대는 순간 화상을 입었을 것이다.

    이처럼 빛을 만들어 내는 반딧불이의 발광 메커니즘은 빛을 만들어 내지만 열을 발생시키지 않는다. 반딧불이는, 열과 빛을 함께 만들어 내는 백열 전구와는 달리 열은 거의 발생시키지 않기 때문에 에너지의 대부분을 효율적으로 빛을 만드는 데 쓸 수 있다. 실제로 에너지의 효율이 거의 100퍼센트에 가깝다. 반딧불이의 불빛이 번식을 위한 것임을 다시 생각해 볼 때 이 작은 생명은 놀라울 정도로 효율적인 번식 기계임을 알 수 있다.

    그렇다면 이 작은 번식 기계의 발광 메커니즘은 무엇일까?

개똥벌레 노트~*

파파리반딧불이

●사진 한영식

학명	Hotaria papariensis
서식지	달팽이가 많이 서식하는 축축한 풀밭
활동기	5월과 7월 사이.
몸길이	8~9밀리미터.
분포	한국, 일본 등지.
특징	몸은 전체적으로 검은색이지만 앞가슴등판은 주황색이다. 겹눈이 크게 발달되어 있고 가슴과 눈 부위에 검은색의 가로무늬가 있다.
생태	애벌레는 달팽이를 잡아먹으며 육지에 산다. 성충의 수컷은 날 수 있지만 암컷은 날개가 퇴화되어 날 수가 없다. 그래서 파파리반딧불이가 짝짓기를 할 때면 수컷들이 날아다니며 풀 위의 암컷을 찾는 모습을 볼 수 있다.

두 번째 이야기

반딧불이의 빛은 어디서 오나?

반딧불이 불빛의 비밀

반딧불이가 빛을 낼 수 있는 것은 반딧불이 몸속에 있는 화학 물질 덕분이다. 반딧불이의 꽁무니에는 루시페린(luciferin)이라는 발광 물질이 있다. 그렇지만 루시페린만 있다고 빛이 만들어지지는 않는다. 주변의 또 다른 물질들이 루시페린이 빛을 낼 수 있도록 도와주어야 한다. 그 물질이 루시페라아제(luciferase)다.

루시페라아제라는 발광 효소는 루시페린이 활동할 수 있도록 직접적으로 도움을 준다. 그리고 산소(O_2)와 ATP(아데노신삼인산, 아데노신에 3분자의 인산이 결합한 뉴클레오티드. 생체 내 에너

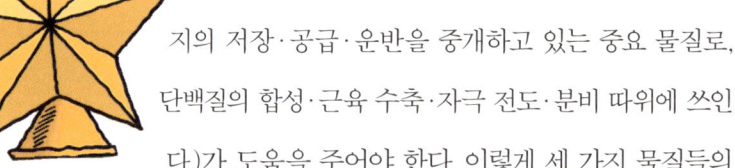

지의 저장·공급·운반을 중개하고 있는 중요 물질로, 단백질의 합성·근육 수축·자극 전도·분비 따위에 쓰인다.)가 도움을 주어야 한다. 이렇게 세 가지 물질들의  도움을 받으면 루시페린은 옥시루시페린으로 바뀌게 된다. 이때 비로소 빛이 발생한다. 반딧불이의 사랑의 빛은 이렇게 탄생한다.

반딧불이 발광 메커니즘에서 핵심 물질이 되는 효소, 루시페라아제과 발광체인 루시페린은 타천사(墮天使) 루시퍼의 이름을 딴 것이다. 아름다운 빛을 내는 물질에 악마 이름이라니? 황당해 하는 사람이 있을 줄도 모르지만 원래 루시퍼라는 이름은 라틴 어로 '빛을 가져오는 자'라는 뜻을 가지고 있다. 이것은 새벽에 해가 뜨기 전에 뜨는 샛별의 이름이기도 했다.

루시페라아제는 북미반딧불이(*Photinus pyralis*)와 애반딧불이(*Luciola lateralis*) 등을 연구하는 과정에서 처음 발견되었다. 루시페라아제는 1,644개의 염기쌍과 548개의 아미노산으로 구성되어 있는 커다란 단백질 분자이다. 그 무게는 약 6만 개의 수소 원자 무게에 맞먹는다. 이처럼 복잡한 물질이 자그마한 반딧불이의 몸 속에서 빛을 만드는 것이다. 그리고 이 물질이 산소와 ATP의 도움을 받아 산화시키는 과정에서 빛이 생긴다.

어떻게 이 복잡한 물질과 메커니즘이 이 자그마한 반딧불이 속에 들어갔는지는 자연의 신비다. 하늘의 별들은 무시무시한 중력에 붙잡힌 수소와 헬륨의 핵융합 반응을 통해 만들어지지만, 지상의 별들은 이렇게 작지만 복잡한 유기 분자들의 화학 반응을 통해 만들어진다.

반딧불이 크리스마스트리

반딧불이의 아름다운 빛은 사람들의 정서를 순화시킨다. 그리고 그 아름다운 불빛 뒤에 숨어 있는 화학 반응은 사람들의 호기심을 자극한다. 그렇지만 사람들은 이것만으로는 만족하지는 못하는 것 같다. 반딧불이의 발광 현상을 연구하기 위해 도서관에서 여러 자료를 뒤적이다가 루시페라아제와 관련된 재미있는 연구를 발견했다.

여러분은 전구 없이 자기 스스로 빛나는 크리스마스트리를 본 적이 있는가? 현대의 유전 공학은 반딧불이처럼 스스로 빛을 내는 나무를 만들어 낼 수 있다. 이 아이디어는 영국 생물 공학 경

진 대회에 출품된 아이디어다.

영국 허트포드셔 대학교 연구진은 소나무의 일종인 미송의 묘목에 형광 해파리와 반딧불이에서 각각 추출한 두 종류의 유전자를 주입하여 키우면 나중에 잎이 초록색 빛을 낸다고 주장했다. 즉 스스로 빛을 발하는 반딧불이 크리스마스트리가 만들어지는 것이다. 그들은 사람들이 생명의 빛을 발하는 크리스마스트리의 아름다운 불빛에 매료될 것이라고 주장했다.

이 반딧불이 크리스마스트리를 만드는 데에는 두 가지의 유전자가 필요하다. 먼저 '초록색 형광 단백질(green fluorescent protein, GFP)'이라고 불리는 형광 해파리의 유전자가 그것이고 둘째로 루시페라아제라는 발광 효소가 그것이다. 이 두 가지 유전자를 미송 묘목에 주입하고 이 묘목을 키울 때 루시페린이 함유된 비료를 준다. 그러면 묘목 속의 루시페라아제가 활성화된다. 활성화된 루시페라아제가 작동하면 초록색 형광 단백질의 스위치가 켜지면서 빛을 내게 되는 것이다.

허트포드셔 대학교 연구진은 남은 문제는 이 묘목을 재배하는 데 들어가는 비용이라고 한다. 이 반딧불이 크리스마스트리는 처음에는 약 200만 파운드(약 40억 원) 정도가 되겠지만, 머지않아서 많은 사람들이 이 나무를 크리스마스 장식용으로 구입할 것이고 수요-공급 법칙에 따라 가격도 내려갈 것이라는 게 이들의 전망이다. 그럼 여러분도 반딧불이의 발광 유전자를 가진 크리스마스트리를 가지게 될 것이다.

그 외에도 루시페라아제는 분자 생물학 연구에서 많이 활용된다. 루시페라아제가 만들어 내는 빛이 유전자를 연구할 때 표식으로 활용되는 것이다. 예를 들어 우리가 유전자가 모여 있는 유전체에 어떤 유전자를 삽입하려고 할 때 삽입 유전자에 루시페라아제를 결합시켜 삽입하면 삽입 유전자가 유전체의 어디에 들어갔는지 알 수 있다. 따라서 루시페라아제를 사용한 유전자 검사법은 다른 검사법보다 빠르고 비용이 적게 드는 유용한 검사법으로 사용되고 있다.

루시페라아제 검사법을 응용한 방법 가운데 하나가 '루시페라아제 유전자 발현 분석법(luciferase gene expression bioassay)'이다. 이 방법을 쓰면 다이옥신을 빠르고 쉽게 검출할 수 있고, 그 양도 알 수 있다. 쓰레기 소각로에서 나오는 다이옥신이 환경 문제가 되는 지금, 굉장히 유용한 기술이다.

이 기술들을 응용하면 루시페라아제 유전자를 다른 곤충이나

동물에도 주입할 수 있다. 그러면 다양한 발광 생물을 만들어 낼 수 있다. 은은한 빛을 발하는 나비, 개미, 민들레, 장미 등등. 이들은 교육용, 애완용, 산업용 등 여러 가지 용도로 활용할 수 있을 것이다.

그런데 발광 생물의 범주가 토끼, 개, 고양이 등으로 넓어지고 궁극적으로는 사람까지 넓어진다고 상상하니 갑자기 섬뜩해진다. 생명 공학으로 온몸이나 몸의 특정 부위에서 빛을 내는 사람을 만들 수 있다고도 생각하니 처음에는 조금 우스웠지만, 생명 공학이 사람이 손대서는 안 되는 생명의 본질까지 건들고 있다는 게 너무나도 분명하게 보이는 것 같아 두려워진다.

빛을 내는 생물들

자연에는 여러 종류의 발광 생물이 있다. 이들은 인공적인 유전 공학의 산물이 아니라 자연의 선물이다. 발광 생물은 세균에서 어류에 이르기까지 다양하다. 그렇지만 양서류, 파충류, 포유류 같은 고등 동물에서는 아직까지 자연 발광 현상이 발견되지 않았다. 왜일까?

아무튼 자연 발광 현상은 크게 두 가지로 나뉜다. 먼저 그 생물 스스로가 만드는 발광 물질에서 빛이 만들어지는 것을 '자기 발광' 또는 '1차 발광'이라고 한다. 공생 또는 기생하는 세균이나 다른 생물이 빛을 내는 것을 '공생 발광' 또는 '2차 발광'이라고 한다.

다시 자기 발광은 야광충이나 반딧불이처럼 세포 내에서 발광이 일어나는 세포 내 발광과 갯반디나 털납개갯지렁이처럼 발광 물질이 세포 바깥으로 분비되어 빛을 내는 세포 외 발광으로 구분된다. 대부분의 발광은 루시페린과 루시페라아제 반응을 통해 일어난다. 그렇지만 바다해파리 중에는 에쿠아린 등과 같이 효소 없이 칼슘 이온과 같은 저분자 물질이 촉매로 작용해서 발광 단백질이 빛을 내는 예도 있다.

발광 생물 중 대표적인 것이 원생동물인 야광충이다. 지름이 1밀리미터인 이 단세포 동물은 파도에 살짝 흔들리기만 해도 빛을 내는데, 여름밤 칠흑 같은 해수면에 빛의 띠를 이룬다. 이들이 갑자기 늘어나면 근해 어업에 큰 피해를 주는 적조 현상이 일어난다. 자연의 경고등인 셈이다.

그리고 강장동물 중에서는 바다조름, 바다선인장, 관해파리류 등이 발광 생물이고, 유즐동물 중에서는 빗해파리류가 그렇다. 그리고 환형동물인 털날개갯지렁이, 연체동물인 오징어, 갈매기조개, 발광갯민숭달팽이, 발광달팽이가 빛을 낸다.

절지동물 중에는 와편모충류와 갯반디, 그리고 우리의 주인공 반딧불이가 발광 생물이다.

극피동물인 거미불가사리, 원색동물인 빛멍게가 빛을 낼 수 있다. 그리고 어류에는 철갑둥어 등이 유명하다. 그리고 화경버섯과 뽕나무버섯 같은 담자균류도 빛을 낸다고 한다.

이렇게 수많은 종류 생물들이 빛을 내고 있다. 그렇다면 이들은 무엇 때문에 발광을 하는 것일까? 빛을 내 먹이를 유인하는 생물들도 있으며 천적의 공격을 피하거나 막는 데 발광 메커니즘을 이용하는 생물들도 있다. 그리고 발광을 짝짓기를 위한 교신 수단으로 사용하는 생물도 있다. 반딧불이는 발광을 짝짓기 수단으로 사용하는 대표적인 생물이다.

반짝반짝 여름 밤하늘을 수놓는 반딧불이의 불빛은 아름답다.

그러나 그것이 암컷에게 자신의 사랑과, 짝짓기 능력과 의사를 표현하는 유일한 방법이며, 암컷이 자신의 빛을 보고 암컷이 손짓해 주기만을 기다리면서 날이 새도록 밤하늘을 날아다니며 깜빡거리는 것이 반딧불이 수컷의 운명이라는 것에 생각이 미치니 같은 수컷으로서 조금 쓸쓸하다.

세 번째 이야기

별빛 왕자의 사랑 고백

반딧불이의 세레나데

그믐날 밤, 어둠 속에서 반짝 하며 반딧불이 한 마리가 지나갔다. 사라질 듯 사라지지 않는 빛을 깜빡거리며 나무 사이를 빙글빙글 돈다. 바람소리를 내며 재빨리 포충망을 휘둘러서 반딧불이를 잡는다. 파파리반딧불이의 수컷이다. 포충망 안에서 반딧불이가 퍼득이며 불빛을 반짝거린다. 달빛도 없는 그믐날 밤에 반딧불이가 더 잘 보인다.

이 지역의 반딧불이들은 파파리반딧불이. 내 주위를 빙글빙글 돌고 있는 반딧불이들은 파파리반딧불이 수컷일 게다. 그들은 나무와 풀숲 사이를 오가면서 열심히 암컷을 찾는다. 그렇다면 근처 풀숲 어딘가에는 시집갈 새색시처럼 풀잎 위에 다소곳이 앉아서 수컷이 날아오기를 기다리는 암컷이 있을 것이다.

야행성인 반딧불이는 낮에는 풀잎이나 나뭇잎 뒤에 숨어서 쉰다. 그리고 일몰 후 30분 정도 지나면 활동을 시작한다. 파파리반딧불이의 경우 수컷은 활동을 시작하면 먼저 높은 곳으로 올라간다. 암컷을 쉽게 발견하기 위해서 높이 올라가는 것인지, 암컷에게 쉽게 발견되기 위해서인지는 분명하지 않지만 짝짓기를 하는 데 유리한 행동일 것이다.

높은 곳으로 올라간 파파리반딧불이의 수컷은 불빛으로 사랑의 세레나데를 연주한다. 암컷 또한 시야가 확 트인 곳에 있는 풀잎이나 나뭇가지 가장자리에 자리를 잡고 수컷들의 세레나데를 관찰한다. 반딧불이 수컷의 빛의 세레나데가 맘에 들면 암컷은 자신의 위치를 표현하기 위해 꽁무니에서 빛을 발한다. 그것을 본 수컷은 암컷 곁에 내려와 하늘을 날 때와는 다른 구애의 신호를 빛으로 보낸다. 이 수컷의 사랑 고백을 들은 암컷 반딧불이도 사랑에 화답하듯 더 뜨거운 불빛을 반짝거린다. 수컷 역시 더 강하게 불빛을 깜빡거리며 암컷에게 다가간다. 그리고 분위기가 무르익으면 짝짓기가 시작된다. 이처럼 반딧불이는 빛으로 사랑을 나눈다.

그러나 반딧불이가 교미하는 모습을 실제로 보기는 힘들다. 반딧불이의 불빛이 짝짓기를 위한 의사 소통 수단이라고 하는데, 반딧불이는 불빛을 구체적으로 어떻게 사용하는 걸까? 짝짓기 의사나 능력을 서로 확인하고, 서로 접근하고, 실제로 교미를 하는 데 불빛은 어떻게 활용되는 걸까? 구애의 불빛과 비행 시의 불빛은 어떻게 다른 걸까?

현장에서 관찰하기 힘들다면 실험을 해 봐야 한다. 파파리반딧불이 암수를 채집해 실험실에서 교미 과정을 관찰한다면 많은 것을 알 수 있을 것이다. 완전한 자연 상태는 아니겠지만 유사하지 않을까? 오늘의 채집은 이 실험을 위한 것이다.

스토커처럼 엿본 반딧불이의 러브스토리

파파리반딧불이의 수컷은 날아다니기 때문에 쉽게 눈에 띄지만 암컷은 날지 못하기 때문에 눈에 잘 띄지 않는다. 파파리반딧불이의 암컷은 속날개(뒷날개)가 없기 때문에 날 수 없다. 그래서 풀숲 주변의 바닥에서만 생활을 한다. 보통 한 번 채집을 가면 수컷은 수백 마리를 잡지만 암컷은 다섯 마리 정도 잡는 것이 고작이다. 채집이 어려운 것도 있겠지만 암컷 파파리반딧불이의 개체 수 자체도 적다. 그래서 수컷 반딧불이들이 그렇게 기를 쓰고 날아다니는 거겠지.

반딧불이 암컷을 찾는다고 풀숲을 헤매다가 한 가지 꾀를 냈다. 라이터를 켰다 껐다 하며 풀숲 주위를 돌아다녀 보기로 한 것이다. 라이터의 불빛을 수컷 파피리반딧불이라고 착각한 암컷 반딧불이가 반응을 보일지도 모른다.

정말로 내 꾀대로 라이터 불빛에 반응한 것인지, 밤새도록 풀숲을 돌아다닌 보람인지는 모르겠지만, 운 좋게도 두 마리의 암컷 파파리반딧불이가 눈에 띄었다. 광산에서 보석을 발견한 것처럼 애지중지하며 실험실로 가져왔다.

파파리반딧불이는 우리나라에서 가장 밝은 빛을 내는 반딧불이이다. 그래서 반딧불이의 발광을 실험하는 연구자들에게는 가장 좋은 실험 대상이다.

동트는 것을 보고 집으로 들어갔지만, 실험실에 가져다 둔 파파리반딧불이와 교미 실험 생각에 잠도 제대로 자지 못하고 낮에 다시 실험실로 나왔다. 한낮에 캄캄한 곳을 찾기 위해서 이리저리 살펴보다가 지하 강의실을 실험 장소로 정했다. 마침 기말 고사 시험 기간이어서 사람들도 많지 않았고 어둡고 시원한 곳이라 실험하기에는 매우 좋은 장소였다. 갖가지 실험 장비를 들고는 지하 강의실로 갔다.

짝짓기 과정에서 반딧불이가 보이는 발광 현상은 크게 세 가지이다. 첫째로 반딧불이는 혼자 있을 때에도 발광을 한다. 이러한 발광을 '정지 발광'이라고 한다. 둘째로 암컷과 수컷이 짝짓기를 위해 구애를 할 때 발광을 한다. 이러한 발광을 '구애 발광'이라고 한다. 셋째로 암수가 교미를 할 때도 발광을 한다. 이러한 발광을 '교미 발광'이라고 한다.

그러나 그 외에 스트레스를 받으면 발광을 하고 우리가 알지 못하는 여러 가지 이유로 빛을 낸다. 반딧불이는 스트레스를 받으면 강렬한 불빛을 오랫동안 발광한다. 그렇다면 내가 채집해 온 반딧불이들은 어떤 발광 양상을 보일까?

먼저 자연과 비슷한 상태를 만들기 위해 기온, 습도 등을 조절할 수 있는 실험 상자를 만들었다. 빛이 안 들어오는 지하 강의실이라 선선한 데도 무거운 장비들을 이리저리 옮기느라 땀이 비 오듯 쏟아졌다.

일단 파파리반딧불이를 넣어 둘 수조를 섭씨 23도, 습도 83퍼센트라는 조건으로 맞췄다. 그리고 이 수조 안에 반딧불이들을 30분간 아무것도 하지 않고 넣어 두었다. 실험 조건에 적응시키기 위해서였다.

그리고 반딧불이가 만드는 빛을 비디오카메라로 촬영했다. 비디오카메라로 촬영된 반딧불이의 발광 패턴은 모니터 화면으로 출력될 것이고 이 빛을 다시 광센서를 이용해 전기 신호로 전환했다. 그리고 오실로그래프를 이용해 발광이 지속되는 시간(발광 지속 시간)과 발광 사이의 간격(발광 주기)을 측정했다.

모든 준비가 다 끝났다고 생각하자 불을 끄고 촬영을 시작했다. 반딧불이가 불빛을 깜빡이기 시작했다. 먼저 수컷 파파리반딧불이의 불빛을 비디오카메라에 담았다. 정지 발광 때의 발광 지속 시간을 살펴보니 평균 0.12초였다. 암컷의 경우에는 0.15초였다.

그런데 기계가 오작동해 잠깐 비디오카메라를 점검하는 순간 수컷 파파리반딧불이의 불빛이 갑자기 강해지기 시작했다. 구애 발광이 시작된 것이었다. 나도 덩달아서 흥분했다. 서둘러 기계를 조정하고 비디오카메라로 측정을 했다. 불빛이 강해짐과 동시에 발광 지속 시간도 늘어났다. 수컷의 경우에는 1.4배 증가한 0.17초로 나타났다.

곧이어 파파리반딧불이 암컷도 수컷의 사랑 고백을 감지했는지 빛의 세기가 강해지기 시작했다. 재빨리 암컷을 촬영했다. 암컷의 경우에는 1.5배 증가한 0.19초로 나타났다. 암수 모두 정지 발광에서 구애 발광으로 넘어가면 발광 지속 시간이 늘어나는 것이다. 그만큼 할 이야기가 많은 걸까? 아니, 자신을 상대방에게 어필할 수 있는 시간을 늘리는 것일 게다.

한 가지 중요한 특징이 또 있다.

짝짓기 발광. 빛의 세기가 약해진다.

암수 모두 발광 주기가 감소한다. 즉 더 빠르게 빛을 깜빡거리는 것이다. 수컷의 정지 발광 주기는 평균 1.26초였으나 구애 발광 주기는 1.12초로 감소한다. 그리고 암컷의 정지 발광 주기는 2.99초였으나 구애 발광 주기는 1.06초로 감소한다. 암컷은 거의 2배나 빨라진다. 게다가 암컷은 정지 발광 시에는 상당히 불규칙적으로 발광을 한다. 그렇지만 서로 구애하는 동안에는 수컷처럼 주기적으로 발광을 하고 그 주기까지 비슷해진다.

그럼 그 빛의 주파수는 어떨까? 반딧불이 연인들도 발광 주파수를 맞춘다. 수컷과 암컷의 정지 발광 시의 발광 주파수는 각각 0.79헤르츠와 0.33헤르츠로 서로 연관성이 없으나 구애 발광 시에는 수컷이 0.89헤르츠의 빛을 내놓고 암컷이 0.94헤르츠의 빛을 낸다. 암수 모두 0.9헤르츠 근처에서 공명하는 것이다.

우리는 인간의 연인들을 빗대어 사랑의 주파수를 동조시킨다고 한다. 파파리반딧불이는 발광 지속 시간, 발광 주기, 발광 주파수를 말 그대로 동조시킨다.

파파리반딧불이는 수컷과 암컷 모두 배 끝에 두 마디씩 있는 발광 기관으로 발광을 한다. 그런데 정지 발광 때와 구애 발광 때 반딧불이는 서로 다른 방식으로 발광을 한다. 따라서 발광의 세기도 달라지는 것이다.

  수컷은 두 발광 마디 모두가 황백색의 발광 기관으로 되어 있다. 암컷의 경우는 두 발광 마디가 수컷의 발광 기관보다 크지만 전체적으로 갈색의 반사층으로 되어 있다. 그리고 다섯 번째 마디의 양쪽 끝에 2개의 작은 점으로 된 황백색의 발광 기관이 있다.

  정지 발광 중에 수컷은 1개 또는 2개의 발광 기관으로 빛을 낸다. 암컷도 정지 발광에서는 2개의 점으로 된 황백색의 발광기에서 발광을 한다. 그러므로 발광 기관이 더 큰 수컷의 빛이 더 강하다.

  구애 발광 중에 수컷은 두 마디 모두로 발광을 하고 암컷은 작은 두 개의 발광기에서 나오는 빛이 수컷보다 큰 두 마디의 반사층 전체로 빛을 내게 되어 더 강한 빛을 비춘다.

  막상 짝짓기에 들어가면 빛의 세기가 약해진다. 발광 지속 시간도 정지 발광 때보다도 짧아진다. 그리고 상대적으로 광량도 줄어든다. 사람 많은 곳보다는 자기들만의 공간에서 방해받지 않고 싶어 하는 젊은 남녀처럼 암수 반딧불이도 자신들의 사랑을 다른 반딧불이들의 눈에 띄지 않게 감추는 듯하다. 이렇게 해야 다른 수컷 반딧불이의 방해를 받지 않고 교미할 수 있을 것이다.

교미할 때에도 암컷이 강한 불빛을 낸다면 다른 수컷 반딧불이가 암컷의 신호를 보고 찾아와 교미를 방해할 것이다. 그렇게 되면 종족 번식은 어려워질 것이다. 생각할수록 인간과 닮았다. 아니 인간이 반딧불이를 닮았다고 해야 하나.

여기서 한 가지 고백할 게 있다. 나는 이 실험을 하면서 내내 반딧불이들에게 미안했다. 구애 발광을 정확하게 측정한답시고 암수 반딧불이를 졸졸 따라다니며 엉겨붙을 것 같으면 곧바로 떼어 놓았다. 그리고 수조의 양쪽 끝에 암수를 가져다 놓았다.

곧바로 짝짓기에 들어가면 구애 발광의 주기, 지속 시간, 주파수 등을 제대로 측정할 수 없었기 때문이다. 이렇게 떼어 놓은 반딧불이들은 잠시 놀란 가슴을 달랜 다음, 또다시 서로에게 강렬한 불꽃 신호를 보내며 다가갔다. 이 몹쓸 짓을 몇 번 반복하고 나서야 두 연인을 서로 사랑할 수 있게 풀어 주었고 지하 강의실의 불을 끄고 잠시 밖으로 나갔다. 이것이 내가 직접 본 반딧불이의 사랑이었다.

개똥벌레 노트~*

애반딧불이

●사진 한영식

학명	*Luciola lateralis*
서식지	다슬기가 사는 논, 연못, 개천의 바닥.
활동기	5월과 7월 사이.
몸길이	7~10밀리미터.
분포	한국, 일본, 중국, 시베리아 등지.
특징	몸은 전체적으로 검은색이며 앞가슴은 주황색을 띤다. 앞가슴의 가운데에 세로로 띠처럼 생긴 검은색 줄이 있다. 배에는 빛을 내는 발광 마디가 있다.
생태	애벌레가 다슬기를 먹으며 생활하기 때문에 다슬기가 많이 서식하는 논, 하천 주변에서 살아간다. 교미를 마친 암컷은 300~500개의 알을 축축한 이끼에 낳는다. 애반딧불이와 그 먹이인 다슬기가 집단 서식하는 전라북도 무주군 설천면 일대는 1982년에 천연기념물 322호로 지정되었다.

네 번째 이야기

반딧불이의 한살이

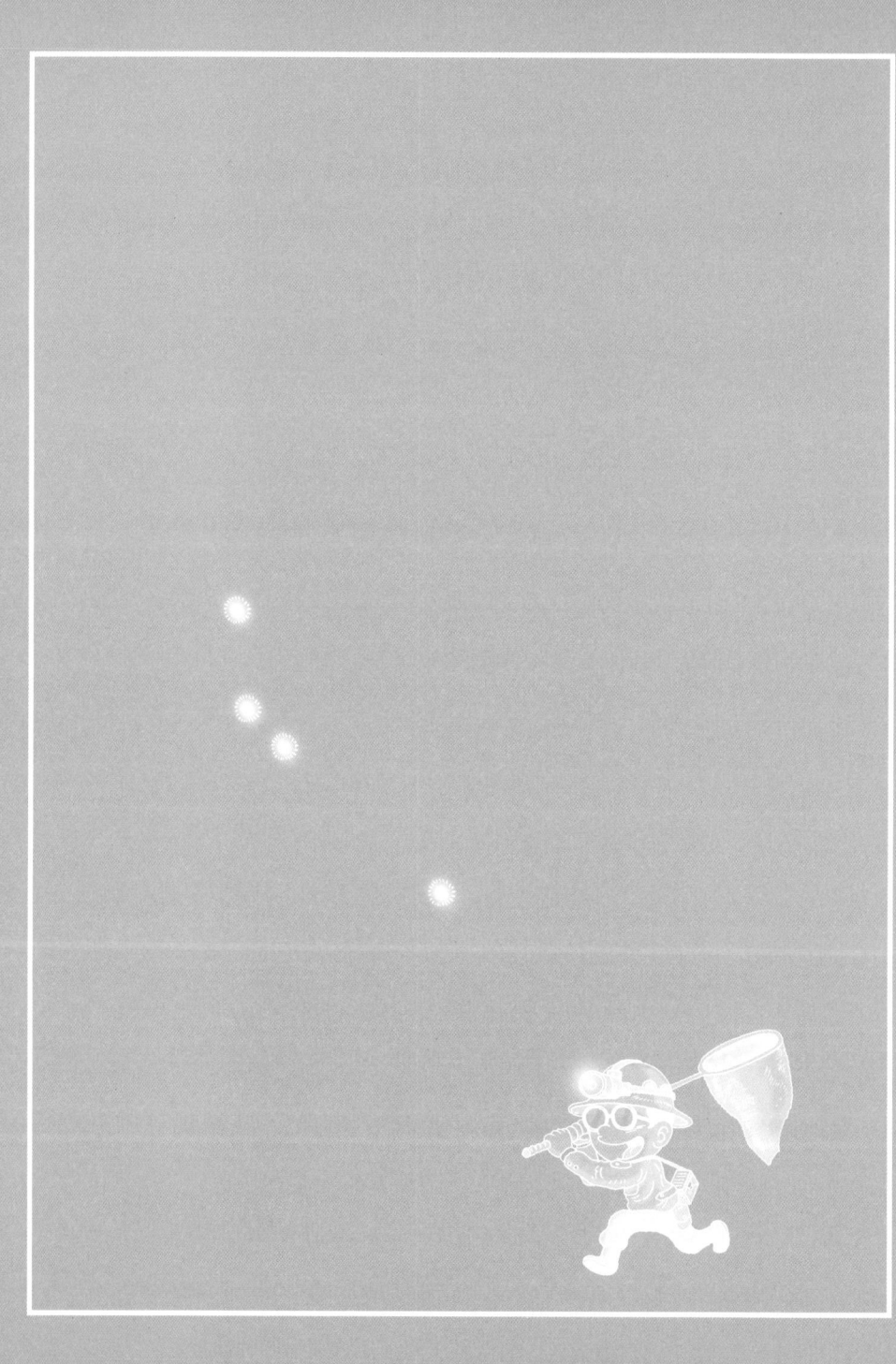

애반딧불이의 일생

한창 반딧불이에 빠져 있던 학생 시절, 나는 반닷불이의 애벌레들을 키운 적이 있다. 그것은 자연 현장에서 반딧불이의 애벌레를 관찰하기 힘들기 때문이었다. 그중에서도 특히 애반딧불이는 유충기에는 물속에서 사는 반수서(半水棲) 곤충이기 때문에 자연 상태에서 쉽게 관찰할 수 없고, 채집하기도 힘들다. 그래서 애벌레를 키우는 것이 연구하는 데 큰 도움이 된다.

수중 생활을 하는 애반딧불이 애벌레를 야외에서 직접 채집하기는 힘들기 때문에, 애반딧불이 짝짓기도 연구할 겸 애반딧불이

암수를 채집했다. 암컷 애반딧불이가 수컷에 비해 개체수가 적어 애를 먹었지만 다행히도 채집할 수 있었다.

 실험실로 돌아오자마자 사육함을 꾸미기 시작했다. 이끼도 깔아 주고 수분도 적당하게 주었다. 그리고 암수 애반딧불이를 사육함에 넣었다. 그리고 암실에 넣어 짝짓기할 수 있도록 했다.

 며칠이 지나 암실에서 사육함을 꺼내 보니 짝짓기를 마친 애반딧불이 수컷은 죽어 있었다. 암컷을 재빨리 이끼가 담긴 산란조로 옮겼다. 그리고 또 며칠이 지났다. 암컷 반딧불이 역시 산란을 마치고 죽었다. 암

컷 사체 근처에는 100개 가까운 알이 반짝이고 있었다. 짝짓기 후 2~3일간 알을 낳고 죽은 것이다. 그 암컷이 낳은 젖빛의 알은 장축 0.6밀리미터, 단축 0.5밀리미터의 타원형이었다.

이끼에 산란된 알을 적절한 온도의 인큐베이터에 넣어 보관했다. 실험실에 매일 들러 알을 지켜보았지만 아무런 변화도 보이지 않았다. 보름이 지나도록 아무 변화가 없자 혹시 알이 죽은 게 아닐까 하는 걱정이 들었다. 그러나 반짝이는 알의 빛을 보고 희망을 가졌다.

3주가 되는 날이었다. 그날도 큰 기대는 하지 않았지만 습관적으로 인큐베이터를 열었다. 그런데 이게 웬일인가? 알은 보이지 않고 애벌레들이 꿈틀거리고 있는 게 아닌가?

애반딧불이 애벌레는 산란 후 평균 20~25일 만에 알을 깨고 나온다. 자연계에서 애벌레들은 알에서 나오면 물속으로 들어간다. 그러나 인큐베이터에는 물이 함께 있지 않았기 때문에 애벌레들을 곧바로 인큐베이터에서 꺼내 물속에 넣어 주었다. 물속으로 들어간 애벌레들은 흑갈색의 몸빛을 가지고 있었다.

애반딧불이 애벌레는 물속에서 가을과 겨울을 보내고 다음해 5~6월에 번데기가 되기 위해서 땅위로 올라간다. 그리고 흙 속이나 돌이나 뿌리 밑에 흙고치를 짓고 번데기가 된다. 번데기에서 성충이 되기까지는 한 달 정도(30~40일)가 걸린다. 번데기는 처음에는 젖빛이지만 성충이 될 때쯤 되면 겹눈이나 날개 부위 등이 검게 변하게 된다.

번데기를 벗고 나온 애반딧불이 성충은 몸길이가 8~10밀리미터이다. 암수 모두 날개가 있어서 날 수가 있다. 겉날개는 검은색이고 앞가슴등판은 주황색이며 가운데에 검정색의 세로줄이 있다.

발광 회수는 분당 60~120회이다. 발광기는 암컷은 배의 여섯 번째 마디에 1개 있고 수컷은 여섯 번째 마디와 일곱 번째 마디에 1개씩 2개가 있다.

애반딧불이는 알, 애벌레, 번데기, 성충의 네 단계를 거치는 완전 변태를 하는 곤충이다. 빛을 향해 달려가는 애반딧불이 일생은 그리 길지 않다. 1년이면 한살이를 마감한다.

늦반딧불이의 일생

나는 애반딧불이만이 아니라 늦반딧불이도 키워 봤다. 늦반딧불이는 애반딧불이와는 달리 알부터가 아니라 애벌레 단계부터 키웠다.

하루는 애반딧불이를 채집하던 중 풀잎 근처에서 깜빡이는 빛을 발견했다. 그런데 그 불빛은 움직이지 않았다. 반딧불이라면 날아다닐 텐데, 아니면 움직이기라도 할 텐데. 한참을 주시하면서 불빛이 다시 깜빡이기를 기다렸다. 한동안 불빛이 없자 내가 잘못 보았나 하고는 발걸음을 돌리려고 했다. 그때였다. 다시 풀잎에서 깜빡이는 빛이 보이기 시작했다. 게다가 더 강하게 깜빡거리는 것이었다.

가까이 다가가서 머리에 쓴 헤드랜턴을 켜고 살펴보았다. 반딧불이는 보이지 않고 기다란 흑갈색의 애벌레만이 풀잎 위에 가만히 엎드려 있었다. 잘못 보았나 하고는 아쉬운 마음으로 랜턴을 끄고 자리에서 일어섰다. 그런데 또다시 깜빡거리는 것이었다. 재빨리 랜턴을 켜고 자세히 살펴보았다. 방금 보았던 애벌레가 빛을 내고 있는 것이었다. 혹시 잘못 보았나 하고는 눈을 비비고 다시

애벌레를 보았다. 여전히 반딧불이와 같은 밝은 빛을 내고 있었다. 나중에 알게 된 것이지만 그 애벌레가 바로 늦반딧불이의 애벌레였다. 늦반딧불이는 애벌레도 불빛을 낼 수 있다. (반딧불이는 알, 애벌레, 번데기, 성충 모두 빛을 낼 수 있다.)

늦반딧불이는 주로 7월 하순과 9월 하순 사이에 성충이 되기 때문에 애반딧불이의 성충이 활발하게 활동하는 6월에는 애벌레 상태로 있는 것이다. 늦반딧불이는 애벌레가 물속에서 사는 애반딧불이와는 달리 애벌레가 땅에서 사는 육서종이다. 그 덕분에 나는 풀잎 위에서 애벌레가 빛을 내는 것을 볼 수 있었다.

늦반딧불이와 애반딧불이의 차이는 이것만이 아니다. 애반딧불이의 수컷과 암컷이 모두 날 수 있는 것과는 달리 늦반딧불이는 수컷은 날 수 있으나 암컷은 날 수 없다. 암컷의 겉날개는 퇴화되어 흔적만 남아 있고 속날개는 아예 없다. 그래서 파파리반딧불이처럼 수컷이 암컷을 찾아 날아다닌다. 짝짓기가 끝나면 수컷은 먼저 죽고 암컷은 돌 밑이나 돌부리 근처에 40~120개의 알을 낳는다. 늦반딧불이의 알은 이 알 상태로 겨울을 넘긴다.

겨울을 난 후 5~6월에 애벌레가 알을 깨고 나온다. 꼭 해마처럼 생긴 늦반딧불이의 애벌레몸길이 25~40밀리미터까지 자란다. 암컷의 크기가 수컷에 비해서 상대적으로 크다. 이것은 성충의 크기와도 관련이 있다. 늦반딧불이 성충의 크기가 수컷은 15밀리미터 내외이고 암컷은 20밀리미터 내외이다. 다 자란 애벌레는 번데기가 된다. 그리고 10~12일 후 성충이 된다.

늦반딧불이의 애벌레 중 70퍼센트는 그해에 성충으로 자라지만, 20퍼센트 정도는 애벌레로 겨울을 한 번 더 넘기고 다음해에 성충이 된다. 물론 먹이가 풍족하고 서식 환경이 좋으면 대부분의 애벌레가 그해에 성충으로 자라는 것으로 보아 이 미묘한 차이는 먹이가 부족한 환경에 적응하려는 늦반딧불이의 진화 전략일지도 모른다.

알, 애벌레, 번데기, 성충의 네 단계를 거치는 것이 반딧불이의 일생이다. 화려한 비상을 하며 반짝이기 위해서는 알, 애벌레, 번데기의 고된 시절을 거쳐야만 한다. 고난을 이겨 내고 어른이 된 반딧불이는 소중한 다음 세대를 위해 값진 희생을 치르고 새로운 생명을 탄생시킨다. 고통과 희생을 이겨 낸 반딧불이였기에 일생이 더 아름답지 않을까?

다섯 번째 이야기

반딧불이는 무얼 먹고사나?

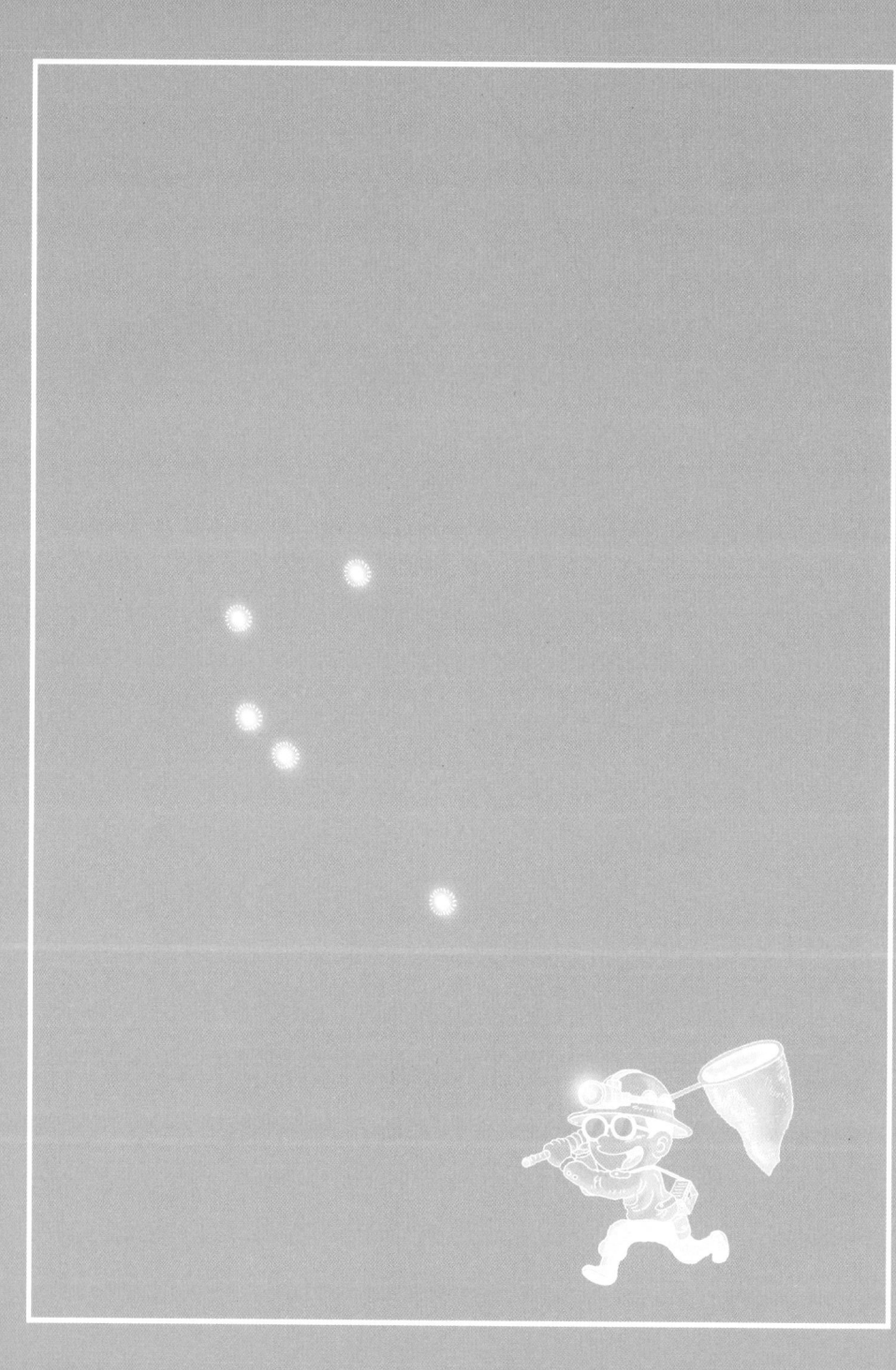

반딧불이 애벌레는 무서운 사냥꾼

그럼 여기서 문제. 반딧불이는 대체 무엇을 먹고사나?

교과서에 따르면 반딧불이의 애벌레는 달팽이나 다슬기 또는 논우렁 같은 연체동물을 잡아먹는 포식성 동물이다. 반딧불이 애벌레는 바닥을 기어 다니는 달팽이나 다슬기를 어떻게 잡아먹는 걸까? 게다가 달팽이나 다슬기는 몸을 보호할 수 있는 딱딱한 껍데기를 가지고 있지 않은가?

백문불여일견(百聞不如一見). 혼자 머리 싸매는 것보다 한 번 관찰하는 게 낫다. 따라서 나는 밖으로 나가 늦반딧불이와 애반

"성충들은 이슬만 먹는다던데 너희들은 왜 그러니?"

 딧불이 유충을 채집해 왔다.
 채집해 온 늦반딧불이의 애벌레를 실험실 실험대 위에 올려놓았다. 어떤 식으로 먹이 사냥을 할까? 늦반딧불이에게 달팽이를 주었다. 실험실에 있던 동료 학생들과 나는 모두 숨을 죽이고 늦반딧불이만을 바라보았다. 바로 옆에 있는 사람의 숨소리조차 들리지 않을 정도였다. 그러나 그 정적은 오래가지 못했다. "와!" 하는 함성 소리가 여기저기서 울려 퍼졌다.

원투 펀치를 날리는 권투 선수처럼 늦반딧불이가 달팽이의 더듬이를 큰턱을 이용해서 집중적으로 공격한다. 달팽이는 껍데기 속으로 몸을 숨기며 한 차례의 위기를 모면한다. 그러나 늦반딧불이는 공격을 늦추지 않는다. 계속해서 공격하며 결정타 한 방을 노리는 인파이터 권투 선수처럼 접근전을 펼친다. 그러다가 드디어 스트레이트 펀치를 한 방 날린다. 달팽이집 밖으로 슬쩍 몸을 내민 달팽이를 덥석 문 것이다.

큰턱으로 달팽이를 문 늦반딧불이 애벌레는 달팽이가 달팽이집 속으로 숨어도 문 것을 놓지 않고 따라 들어갔다. 달팽이를 꼭 문 채 입에서 소화액을 뿜어 달팽이의 몸을 녹이면서 먹기 시작했다. 달팽이는 고통에 몸서리를 쳤다. 그러나 늦반딧불이는 쉬지 않고 계속 소화액을 뿜어서 달팽이를 녹였다.

달팽이는 온몸을 흔들며 최후의 반항을 했다. 그러나 아무런 소용이 없었다. 꿈틀대는 달팽이의 움직임을 막기 위해 늦반딧불이는 빨판이 달린 꽁무니로 달팽이집을 눌렀다. 그러는 사이에도 소화액을 계속 뿜어 달팽이의 몸을 녹였다. 결국 달팽이는 저항을 멈추고 죽음을 맞이했다.

늦반딧불이 애벌레는 계속 달팽이집 속에 머리를 집어넣고 달

팽이의 남은 살을 깔끔하게 먹어치웠다. 늦반딧불이가 먹고 남긴 달팽이집 속을 살펴보니 달팽이의 살점 하나 남아 있지 않았다. 무서운 포식성이었다.

물속에서 서식하는 수서종인 애반딧불이의 애벌레는 논우렁 같은 수중 연체동물을 먹고산다. 북한강 주변 논에서 애반딧불이 애벌레를 채집하고는 했지만 자연에서 먹이 사냥하는 장면을 직접 보지는 못했다. 애반딧불이 애벌레의 사냥 장면도 실험실에서 관찰할 수밖에 없었다.

실험실에서 부화시킨 애반딧불이의 애벌레와 논우렁의 새끼를 깨끗한 물이 담긴 사육조에 함께 넣어 주었다.

처음 며칠 동안은 별다른 변화를 볼 수 없었다. 그러나 며칠 후 애반딧불이보다 5배 이상 큰 논우렁을 애반딧불이 애벌레들이 둘러싸고 뜯어먹는 모습을 볼 수 있었다. 논우렁 한 마리에 수십 마리가 달라붙어 있었다. 힘없이 작게만 생겼던 애반딧불이가 엄청나게 큰 논우렁을 잡아먹는 것이었다.

반딧불이는 이슬만 먹을까?

그럼 다 자란 반딧불이 성충은 무엇을 먹을까? 그러나 자연에서든 실험실에서든 반딧불이가 무엇을 먹는 것을 본 적이 없다. 기록상으로 반딧불이는 이슬만 먹으며 산다고 한다. 즉 수분만 섭취하며 사는 것이다. 말 그대로 종족 보존을 위한 번식 기계인 반딧불이 성충은 짧은 삶을 살면서 먹는 것조차 돌아보지 않으며 오로지 짝을 찾아 헤맨다.

흔히 미인(美人)은 이슬만 먹고산다는 말을 하고는 한다. 그 순수한 아름다움을 유지하기 위해서는 그만한 어려움을 겪어야 한다는 뜻이다. 반딧불이의 아름다운 빛의 군무 뒤에는 애벌레 시절의 잔인한 포식성과 번식기의 험난한 삶이 있는 것이다.

여섯 번째 이야기

반딧불이는 얼마나 살까?

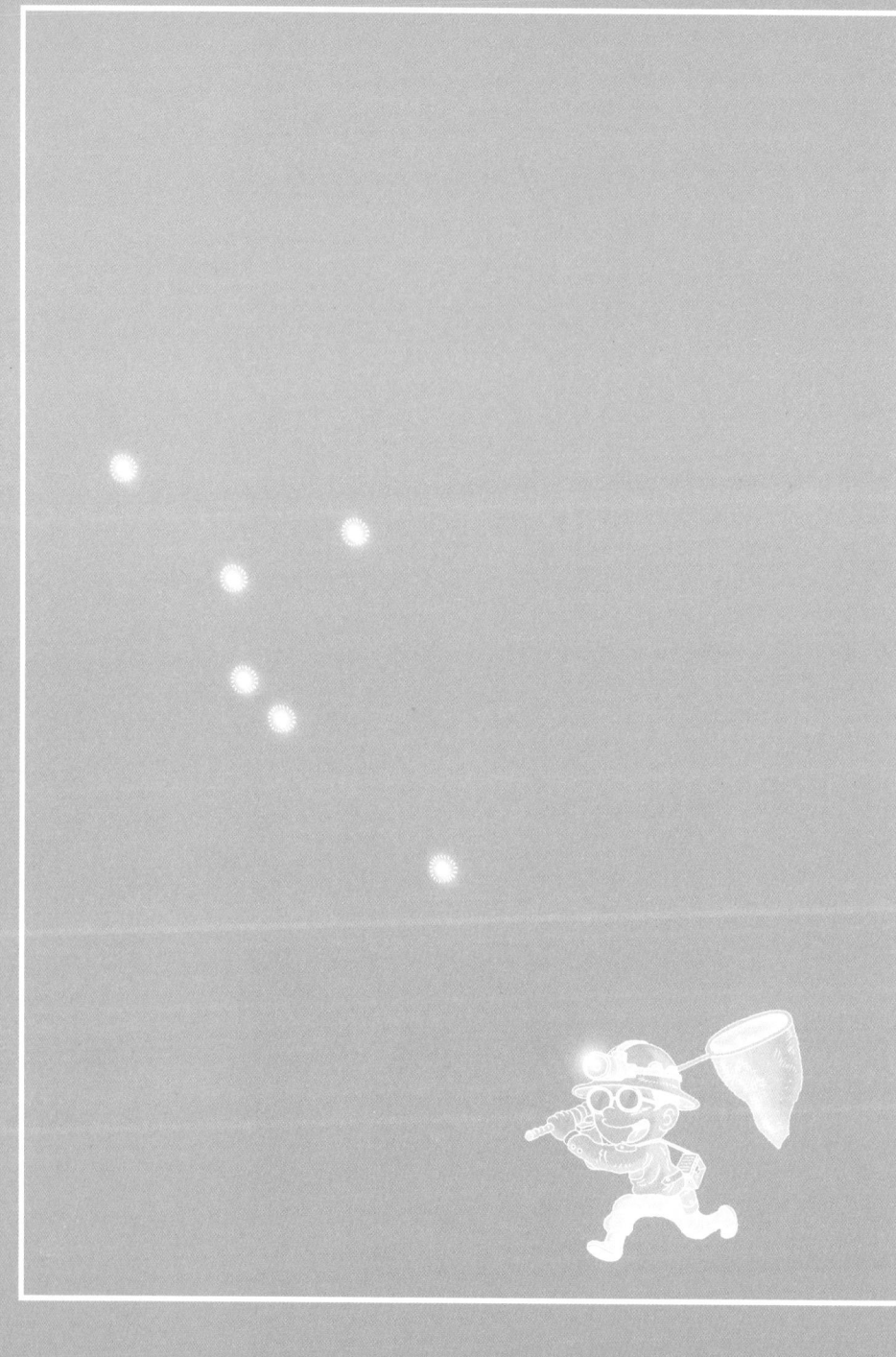

반딧불이 수명 측정법

반딧불이의 생명은 사랑과 짝짓기 속에서 화려하게 빛나다가 한여름 밤의 꿈처럼 사라진다. 그런데 반딧불이의 실제 수명은 어떻게 될까? 실험실에서 반딧불이의 수명을 측정하는 방법은 간단하다. 부화했을 때부터 죽을 때까지 키우면서 얼마나 사는지 관찰하면 되기 때문이다.

그러나 자연 상태에서 반딧불이의 수명은 실험실에서의 수명과 다를 수밖에 없다. 먹이도 부족하고 천적은 들끓고 번식하기는 힘든 짧은 삶을 살 수밖에 없을지도 모른다. 아니면 반대로 실험실에 갇혀 있다는 스트레스가 반딧불이의 수명을 단축시킬지도 모른다. 그래도 자연 상태에서 반딧불이 실제로 언제 태어나고 언제 죽는지 직접 보기 힘들다. 그래서 조금 간접적인 실험 방법을 써야 한다.

반딧불이의 자연 수명을 측정하는 실험에 필요한 실험 도구와 재료는 붓(?)과 자동차용 페인트(?)다. 의외인 것 같지만 아주 쓸모 있는 도구이다.

실험 방법을 설명해 보자. 일단 반딧불이를 여럿 잡아서 날개에 페인트로 점을 찍고 풀어 준다. (오른쪽 그림 참조) 그리고 다음날 같은 지역에서 반딧불이를 채집해 어제 표시한 반딧불이가 몇 마리 채집되었는지 세어 본다. 그리고 다시 풀어 준다. 또 다음날 반딧불이들을 채집해 표시가 있는 반딧불이가 몇 마리인지 세어 보고 다시 풀어 준다. 이것을 계속 반복하면 반딧불이 성체가 얼마나 사는지 알 수 있다. 이것을 '표식 재포획법'이라고 한다.

점을 찍어서 수명을 어떻게 알 수 있을까 생각하겠지만 이 점은 단순한 기호가 아니라 번호를 뜻하는 암호다. 반딧불이에게 표시를 하는 방법은 1·2·4·7법을 이용한다. 오른쪽 그림과 같이 표시를 하게 되면 반딧불이의 작은 날개에 어렵게 아라비아 숫자를

159번 파파리반딧불이

쓰지 않고도 반딧불이에게 번호를 매길 수 있다.

나는 1996년 6월 파파리반딧불이의 수명을 측정한 적이 있다. 그날도 당연히 밤중에 채집을 나갔다. 이곳저곳을 뛰어다니며 반딧불이들을 채집했다. 그리고 채집한 반딧불이들을 모두 포충망에 담은 후에 자동차로 돌아왔다. 자동차 헤드라이트를 켜고 자동차용 페인트로 반딧불이 한 마리 한 마리에게 점을 찍었다.

첫날 채집된 반딧불이는 150마리가 넘었다. 도로에 털썩 주저앉아서 열심히 번호를 찍었다. 1, 2, 3, 4, …, 120, 121, 122. 점을 찍는 것도 그리 쉽지 않았다. 중요한 것은 반딧불이가 다치면 안 된다는 것이었다. 반딧불이의 다리를 손으로 겨우 잡고 다치지 않게 점을 찍어야 했다. 게다가 페인트를 너무 많이 칠해 날개를 다 덮으면 날개를 펴지 못하여 날 수 없게 되기 때문에 조심조심 붓을 놀렸다.

앞에서는 의외로 간단하다고도 했지만 실제로는 꽤 힘든 작업이다. 막상 뛰어다녀 보면 고역임을 깨닫게 된다. 한밤중에 이리저리 뛰어다닌 것으로 모자라서 다들 잘 새벽에 숲 속 도로의 아스팔트 바닥 위에 앉아 새끼손가락 한 마디도 안 되는 파파리반딧불이의 날개에 점을 찍고 있자니 무지무지하게 졸렸다. 100번째 반딧불이에 표시를 하고 나니 어느새 두 시간이 흐른 뒤였다. 눈이 슬슬 감기고 눈꺼풀도 무거워지고 목도 뻣뻣해졌다. 정신을 차리기 위해서 일어서서 몸을 움직이며 잠을 쫓았다.

결국 반딧불이에게 번호를 모두 매겼다. 총 157마리였다. 벌써 새벽 3시가 다 되어 가고 있었다. 서둘러서 반딧불이를 다시 놓아 주었다. 다음날까지 반딧불이가 살아 있기를 기대하며.

다음날, 표식 있는 반딧불이가 잡히길 기대하며 채집을 시작했다. 첫 반딧불이가 보였다. 많은 기대를 하며 포충망을 휘둘렀다. 잡자마자 손전등을 켜고 몇 번 반딧불이인지 확인을 했다. 표시하지 않은 반딧불이였다. 또 다른 반딧불이를 향해서 포충망을 휘둘렀다. 역시 아니었다. 몇 번의 시도를 했지만 헛수고였다. 그래서 다른 곳으로 가서 반딧불이를 찾아보기로 했다.

반딧불이를 보는 대로 포충망을 마구 휘둘렀다. 반딧불이가 잡혔다. 쪼그려 앉아서 머리에 쓴 헤드랜턴으로 반딧불이의 등에서 점을 찾았다. 보였다. 페인트로 그린 뚜렷한 흰색 점을 발견할 수 있었다. 번호를 보니 46번이었다. 너무 기뻤다. 아직까지 살아 있는 반딧불이가 너무나 고마웠다.

계속해서 채집을 했다. 35번, 39번, 122번, 143번 등등 23마리의 반딧불이가 재포획되었다. 실험 노트에 재포획된 반딧불이의 번호를 기재하고 내일까지 살아 있기를 기도하며 다시 놓아 주었다. 그 다음날에는 65마리의 반딧불이가 재포획되었다. 4일째 밤에는 15마리, 5일째는 12마리를 잡을 수 있었다. 그리고 6일째는 3마리를 잡을 수 있었다. 그 후로는 표식 있는 반딧불이를 찾을 수 없었다.

 이러한 표식 재포획 실험 결과 자연 상태에서 파파리반딧불이 성충은 6일 정도 산다는 것을 알 수 있었다. 실험실 관찰 결과 파파리반딧불이의 수명은 일주일 이상 때로는 10일 이상이었다. 천적이나 서식지 파괴 같은 위험이 상존하는 자연 환경보다 실험실 환경이 반딧불이에게는 좀 더 안전한 걸까.

몇 마리나 사는 걸까

표식 재포획법은 반딧불이의 자연 수명을 추측할 수 있게 해 주는 실험 방법이다. 그런데 이 방법을 사용하면 특정 지역에 반딧불이가 어느 정도 있는지도 추정할 수 있다.

일단 반딧불이의 수를 세기 위해 한 지역의 반딧불이를 모두 포획하는 것은 환경적으로 좋지 않은 일일 뿐만 아니라, 물리적으로 불가능하다. 그러나 표식 재포획법에서 얻은 데이터를 활용하면 반딧불이의 서식 밀도를 측정할 수 있다.

먼저 개체군의 추정 개체수를 N이라고 하고 1차 채집된 반딧불이의 개체수 n_1, 2차 채집된 반딧불이의 개체수를 n_2라고, 2차 채집된 반딧불이 중 표지된 반딧불이의 개체수를 M이라고 하면, 다음과 같은 식이 성립된다.

$$n_1/N=M/n_2,\ \text{즉}\ N=n_1n_2/M.$$

    수식이 나왔다고 머리 아파할 것은 없다. 생각보다 간단한 식이다. 예를 들어 볼까. 만약 1차 채집된 반딧불이가 100마리(n_1)이고, 2차 채집된 반딧불이가 80마리(n_2)이고, 2차 채집된 반딧불이 중 표식이 있는 것이 10마리(M)이라고 하면, 그 지역에는 800마리(100×80÷10=800)의 반딧불이가 서식한다고 추정할 수 있다.

    반딧불이의 서식 밀도를 측정하는 방법에는 다른 것도 있다. 표식 재포획법보다 좀 더 단순하다. 숲에 자라는 나무의 수를 세는 것처럼 풀숲에 5미터×5미터의 정사각형 구역을 지정해 놓고(정사각형의 네 꼭지점에 각목을 박고, 끈으로 연결한다.), 반딧불이들이 활동할 때 잘 보이는 곳에서 그 구역 안에서 반짝이는 반딧불이의 수를 세는 것이다. 이 정사각형 구역 안에서 25마리의 반딧불이가 반짝였다면 반딧불이의 서식 밀도는 25마리÷25제곱미터, 즉 1제곱미터당 1마리가 된다.

    이처럼 반딧불이의 서식 밀도 혹은 개체수는 그리 어렵지 않은 방법으로 측정하거나 추정할 수 있다. 물론 이것보다 정밀하고 기술적인 방법도 없는 것은 아니나 기본적인 원리는 동일하다.

우리나라 곳곳에서는 반딧불이 축제가 열리고 있다. 그리고 무주 같은 집단 서식처는 천연 기념물로 지정되어 있기도 하다. 그런데 사람들이 반딧불이 축제를 연다고 하는 곳의 실제 반딧불이 서식 밀도는 어느 정도일까?

이 책을 쓰기 위해 여러 가지 자료를 찾아봤지만 정확한 자료를 얻을 수 없었다. 축제의 행사 주체인 지자체에서도, 축제가 오히려 서식처를 파괴한다고 비판하는 시민 단체에서도 가장 기본적이라고 할 수 있는 데이터를 구할 수 없었다.

축제, 생태 관광, 환경 보호라는 이야기를 하기 전에 자신들이 살고 있는 지역에 반딧불이가 실제로 얼마나 사는지 알아보는 일을 먼저 해야 하지 않을까?

개똥벌레 노트~*

늦반딧불이

●사진 이승호

학명	Pyrocoelia rufa
서식지	개울이 있는 산기슭의 풀숲
활동기	성충 7월 하순부터 9월까지
분포	한국, 중국, 일본
특징	머리는 큰 등황색의 앞가슴등판의 밑에 숨겨져 있다. 몸은 대부분 암갈색이나 흑갈색이며 발광 기관은 황백색이다. 우리나라의 반딧불이 중에서 가장 큰 종류다. 암컷은 수컷보다 크지만 날개는 퇴화되어 날 수 없다.
생태	교미를 마치면 1.7밀리미터 정도의 알을 40~120개를 낳는다. 40~45일이 지나면 애벌레로 겨울을 나고 봄과 여름 사이에 번데기가 된다. 땅 표면에서 여기까지 번데기가 된 늦반딧불이는 10일 정도의 번데기 기간을 거쳐서 성충이 된다.

일곱 번째 이야기

반딧불이 축제의 주인공은 누구?

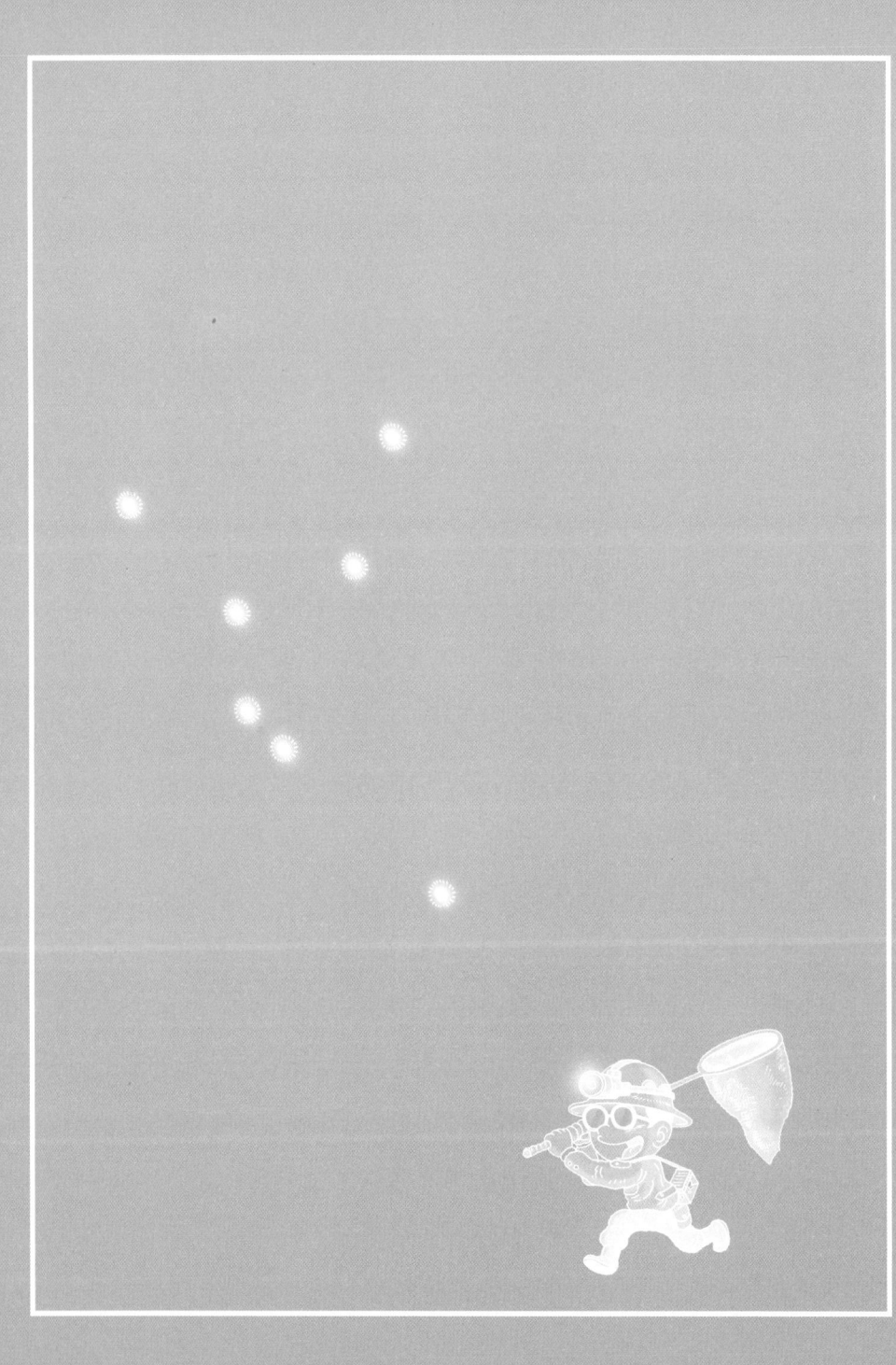

반딧불이는 다슬기와 운명 공동체

꽃과 녹음으로 물든 산실을 버스가 달려간다. 버스 안은 놀러 가는 사람들의 말소리로 시끌벅적하다. 차창에 앉아서 창문을 열었다. 달콤 꽃향기와 신록의 향내가 스며든다. 조금만 더 가면 목적지다. 그러나 걸어가면서 채집하기로 하고 종점보다 두 정거장 전에 내렸다. 큰 배낭을 어깨에 둘러맸다. 그리고 배낭 위에는 텐트를 얹었다. 그리고 먹을 음식이 담긴 박스를 들었다.

일어서기도 힘들었지만 채집해야 한다는 생각에 길을 따라서 걸으며 딱정벌레들을 찾았다. 시간이 흐르자 따가운 햇볕과 무거운 짐 때문에 땀이 비 오듯 쏟아지기 시작했다. 그러나 딱정벌레를 채집해야 한다는 의욕을 꺾을 수는 없었다.

새로운 딱정벌레들이 날아오르면 배낭을 짊어지고 100미터 달리기 선수가 되었다. 반복되는 채집에 벌써 두 시간째 걷고 있는데도 말이다. 땀으로 범벅이 되었지만 새로운 딱정벌레들을 하나 둘 채집통에 넣을 때마다 흐뭇한 웃음을 지었다.

그러나 채집 나간 우리는 모두 점점 지쳐 가고 있었다. 불타오르던 채집 의지도 점점 꺾이고 있었다. 너무 지치면 장기 채집에서 목적을 달성하기 힘들므로 우리는 주간 채집을 마치고 야영장을 향해 걸음을 재촉했다. 드디어 텐트를 칠 장소에 도착했다.

서둘러서 텐트를 치고 이른 저녁을 하려고 했다. 가방을 열어 보니 생수를 사오지 않았다. 무엇으로 밥을 해야 할까? 그런데 앞에 흐르는 물을 보니 상당히 깨끗해 보였다. 이 물로 밥을 해도 될 것만 같았다.

그래서 물이 얼마나 깨끗한지 알아보기 위해서 물속의 생물을 잡기 시작했다. 열심히 족대질을 하여 먼저 수서 곤충류인 강도래를 채집할 수 있었다. 1급수에만 사는 수서 곤충이었다. 또 열심히 족대질을 했다. 이번에는 민물고기인 버들치가 잡혔다. 역시 1급수에만 살고 있는 종류였다. 다행히도 물은 깨끗한 1급수였다. 우리는 생각할 것도 없이 마른 목을 시원하게 축이고 그 물로 밥을 했다.

밥과 삼겹살로 떨어진 체력을 보충했다. 산에서 먹는 밥은 언제나 꿀맛이다. 어느덧 밤이 되었다. 조금 전에 물고기를 잡다가 물 속에 있는 다슬기를 보았기 때문에 다슬기를 먹는 애반딧불이가 살 것이라 기대를 하고 숙소 주변을 맴돌았다. 우리의 예상은 적중했다. 밤이 되자 애반딧불이기 훨훨 날아올랐다. 많은 숫자는 아니었지만 애반딧불이가 빛을 한 아름 안고서 하늘 위로 날아오르고 있었다.

애반딧불이의 애벌레는 다슬기를 먹고산다. 즉 다슬기가 있어야 애반딧불이가 있다. 그러므로 애반딧불이는 다슬기와 운명을 함께한다. 다슬기는 생화학적 산소 요구량(B.O.D) 1.5~2.0인 청정수에서 살기 때문에 2급수 이상에서만 살 수 있다. 2급수보다 더 오염이 된 하천에서는 다슬기는 점점 사라진다. 그렇게 되면 애반딧불이도 점점 사라진다. (1급수 : B.O.D. 1.0 이하, 2급수 : 3.0 이하, 3급수 : 6.0 이하, 4급수 : 8.0 이하)

   10여 년 전만 해도 흔하게 볼 수 있었던 반딧불이가 우리 곁을 떠난 이유는 여러 가지가 있겠지만 가장 큰 것은 먹이 때문일 것이다. 하천 등의 수질 오염으로 다슬기가 줄어들자 애반딧불이 역시 줄어든 것이다. 결국 애반딧불이를 살리기 위해서는 우리의 하천을 먼저 살려야 한다.

   모든 생물이 그렇겠지만, 알, 애벌레, 번데기, 성충이라는 여러 단계를 거치며 살아가는 반딧불이는 다른 생물들의 도움을 받으며 살아갈 수밖에 없다. 먼저 물속에서 사는 애반딧불이의 애벌레는 다슬기를 먹고산다. 그러면 다슬기는 무엇을 먹고살까? 다슬기는 1차 생산자인 규조류를 먹고산다. 즉 애반딧불이가 살기 위해서는 1차 생산자인 규조류와 1차 소비자인 다슬기가 살아야 한다. 그리고 애반딧불이가 알을 낳기 위해서는 이끼나 수초가 필요하다. 그리고 번데기 과정을 거치기 위해서는 부드러운 흙이 있어야 한다. 그리고 농약이나 화학 비료 등이 사용된 곳에서는 살 수가 없다.

   애벌레가 땅에서 사는 늦반딧불이나 파파리반딧불이는 달팽이를 먹고산다. 달팽이가 살기 위해서는 1차 생산자인 부드러운 육상 식물이 살고 있어야 한다. 그리고 애반딧불이와 마찬가지로 번데기를 만들기 위한 부드러운 흙이 필요하고 농약이나 화학 비료가 없어야 되는 것도 같다. 반딧불이의 성충들은 낮에는 햇볕이 들지 않는 곳에서 살고 습기가 많은 부드러운 풀잎에 숨어서 산다. 그러므로 이러한 수질, 토양, 식생물들이 잘 갖추어져 있어야 반딧불이가 살 수 있다.

다시 말해 사람 욕심 때문에 농약, 화학 비료 등을 사용하는 논이나 개발이랍시고 산과 들을 뒤집어 놓은 곳에서 반딧불이는 살 수 없다.

정부에서는 점점 사라져 가는 반딧불이를 보존하기 위해서 반딧불이들이 서식하는 곳을 천연기념물로 지정했다. 무주군 설천면 지역의 서식지가 1982년 11월 4일 천연기념물 322호로 지정되었다.

그러나 정작 반딧불이의 개체수는 15년 전에 시간당 200마리 이상 관찰되던 것이 지금은 시간당 20마리 정도만 볼 수 있을 정도로 상당히 줄었다. 천연기념물 지역으로 지정되었음에도 불구하고 제대로 보존하지 못한 결과이다. 누구 한 사람만의 책임은

아닐 것이다. 한철만 반딧불이에 관심을 가지는 우리 모두가 문제일 것이다.

가까운 일본의 예를 들어 보자. 그들은 샛강을 살렸다는 것을 보여 주는 데 반딧불이를 활용하고 있다. 샛강을 살려 다슬기가 서식하게 되면 그곳에 반딧불이를 풀어 살게 한다. 그렇게 되면 살아난 샛강에서는 언제든지 반딧불이를 볼 수 있게 된다. 그래서 반딧불이가 살아서 날아다니는 것은 샛강이 살아났음을 단적으로 보여 주는 증거가 된다.

우리나라도 샛강을 살리는 일을 많이 하고 있다. 샛강을 살려서 다양한 생물들이 서식할 수 있도록 하는 것이 우리나라의 생태계를 복원하는 기초가 될 것이다. 국가뿐만 아니라 지방 자치 단체에서도 이러한 노력은 지금도 계속되고 있다. 그러나 국가나 지방 자치 단체의 노력도 국민들의 동참이 있을 때 가능하다. 나 하나쯤이라는 생각은 접고 나부터라는 생각을 가지는 것이 중요하지 않을까?

반딧불이 축제의 주인공은 누구인가?

앞에서 이야기했듯이 무주구천동은 반딧불이의 서식지로서 천연기념물로 지정된 지역이다. 나는 1995년에 그곳에서 반딧불이 채집을 할 뻔한 적이 있다. 학생 시절 동아리 친구들과 함께한 장기 채집의 일환이었다.

강원도를 중심으로 활동하던 우리로서는 처음으로 계획한 남쪽 지방 채집이었고, 천연기념물 지역의 딱정벌레 생물 다양성에 대한 기대도 무척 컸다. 그러나 버스를 잘못 타는 등 실수를 범하고 말아 무주구천동 채집을 실제로 진행하지는 못했다.

그 후 몇 년 뒤인 1997년에 제1회 반딧불 축제가 무주에서 열렸다. 민간 단체에서는 반딧불이라는 환경을 주목했다. 그래서 반딧불이라는 테마 곤충을 주제로 환경 축제를 열기로 한 것이다. 반딧불이의 살아 있음을 통해 지역이 깨끗하게 보존되고 생태계가 살아 있음을 알리는 것이다.

무주 반딧불 축제는 올해로 12회를 맞는다. 처음에는 민간 단체가 중심이 된 작은 행사였지만 현재는 무주를 대표하는 민·관 합동의 큰 행사가 되어 있다. "인간과 자연이 하나가 되는 화합의

장"이라는 표어 아래 다양한 환경 행사, 문화 행사, 민속 공연 등은 물론 반딧불이를 직접 보고 체험하는 다채로운 참여형 행사들로 꾸며진다.

그러나 "반딧불 빛으로 하나 되는 세상", "반딧불이의 사랑이 시작됩니다."라는 표어가 무색하게 무주에서는 이제 반딧불이를 보기 힘들다. 어디 갔니? 반딧불이들아.

환경 지표종인 반딧불이를 주인공으로 한 자연(생태) 축제는 무주만이 아니라 전국 각지에서 열리고 있다. 성남 맹산 반딧불이 자연 학교나 제주도의 예래 생태 마을, 양평 반딧불이 축제 등 여러 시도에서 반딧불이에 관한 행사들을 진행하고 있다.

반딧불이는 그 지역의 생태계가 살아 있음을 입증한다. 반딧불이 축제를 개최하는 각 지역의 사람들은 자기 지역의 생태계가 살아 있음을 보여 주고 싶은 것이다. 반딧불이의 서식지를 가꾸고, 다슬기를 논에 풀어 놓고, 농약을 쓰지 않기 위해 지역민들이 함께 노력하는 모습은 참으로 고무적이다.

하지만 이러한 반딧불이 서식지들은 고립무원의 섬일 뿐이다. 지원은커녕 보급선마저 차단된 채, 적군에게 포위된 진지와 다르지 않다. 몇 군데 진지는 인위적인 보호를 받고 있기는 하지만 생

반딧불 축제

태 관광의 은혜를 입지 못한 반딧불이의 서식지들은 잔인하게 파괴되고 있다. 채석장으로 바뀌어 서식지 전체가 송두리째 깎여나간 곳도 있고, 낚시터가 들어와서 망가진 곳도 있다. 오늘날 한국의 농민들이 자연 재해만이 아니라 온갖 신자유주의적 개방의 파고와, 도시 문화의 오염과 싸워야 하는 것처럼 반딧불이들도 농약만이 아니라 온갖 지역 개발의 욕망의 폭풍을 견뎌내야 하는 것이다. 벌써 15년 넘게 반딧불이와 딱정벌레의 뒤를 쫓아 온 나로서는 그저 씁쓸할 뿐이다.

무주구천동 같은 천연기념물 지역은 어느 정도 안심할 수 있다고는 했지만 이는 정말 모를 일이다. '생태 관광'이라는 모토에서 반딧불이 축제가 기획되고, 진행되고는 있지만 '생태'와 '관광' 사이의 균형에서 '관광'이 이기는 순간, 그래서 인간의 편의가 중요시되는 순간, 반딧불이는 그림자조차 감추고 사라지고 말 것이다.

'생태 관광'이라는 모순적인 단어 속에서 우리의 균형추를 생태 쪽으로 조금만 옮긴다면, 그리고 나의 편의보다 자연 전체를 생각한다면 반딧불이들의 고립된 섬들은 조금씩 조금씩 확장되며 서로 연결되지 않을까?

옛날의 반딧불이는 우리와 친구하던 정다운 곤충이었다. 지금은 축제의 주인공이 되어 버렸다. 사람들은 아이들의 손을 잡고 추억을 떠올리며 반딧불이를 주인공으로 한 축제를 즐긴다. 옛날보다 지금 반딧불이가 더욱 귀하게 대접받는다고 생각할지도 모른다. 그렇지만 얼마 전만 해도 반딧불이는 우리 곁에 늘 언제나 함께 있었다. 그들이 이제 귀한 대접을 받는다는 것은 그들이 사라져 보기 힘들어졌다는 슬픈 현실의 또 다른 증거일 뿐이다.

반딧불이를 주인공으로 축제를 즐기는 것도 바람직하다. 그러나 반딧불이가 많아져서 우리 마을 앞동산에만 가도 반딧불이를 볼 수 있다면 더 좋지 않을까? 축제의 주인공이 아니라 우리와 벗하는 다정한 친구로 반딧불이들이 돌아올 날을 함께 만들면 어떨까?

개똥벌레 노트~*

무주 반딧불 축제 연혁

2008	6. 7	제12회 무주 반딧불 축제 개최(6. 7~6. 15)
2007	6. 9	제11회 무주 반딧불 축제 개최(6. 9~6. 17)
2006	6. 2	제10회 무주 반딧불 축제 개최(6. 2~6. 11)
2005	6. 4	제 9회 무주 반딧불 축제 개최(6. 4~6. 11)
		새천년준비위원회 선정 뉴밀레니엄 축제
2004	8. 20	제 8회 무주 반딧불 축제 개최(8. 20~8. 28)
2003	8. 22	제7회 무주 반딧불 축제 개최(8. 22~8. 30)
2002	1. 30	무주군 일원 3곳 14만 2489제곱미터의 서식지를 보호 구역으로 새로 지정
		제6회 무주 반딧불 축제 개최(8. 23~8. 27)
	8. 23	문화 관광부 지정 우수 축제
2001	8. 25	제5회 무주 반딧불 축제 개최(8. 25~8. 29)
2000	6. 10	제4회 무주 반딧불 축제 개최(6. 10~6. 14)
1999	6. 12	제3회 무주 반딧불 축제 개최(6. 12~6. 19)
	6. 18	'무주 반딧불 축제'가 새천년'밀레니엄 축제'로 선정
	6. 20	'무주 반딧불 축제'가 2000년 상반기'문화관광 축제'로 선정
1998	3. 6	한국 문화 예술원 지정 '우수 기획 문화 축제'
	6. 11	상표 등록(반딧불, 반딧골, 반딧불 축제 등)
	7. 10	반딧불이 마스코트(셋두리), 심볼 상표 등록
	7. 10	'무주 반딧불 축제'가 1999년 '문화 관광 축제'로 지정
	8. 28	제2회 무주 반딧불 축제 개최(8. 28~8. 30)
1997	1. 22	유니버시아드 대회 기념 성화를 반딧불이 모형으로 제작 설치
	5. 11	무주 '반딧골' 지명 사용(반딧골 효도 큰잔치 개최)
	6. 5	반딧불이 되살리기 군민결의대회 개최
	8. 7	제1회 무주 반딧불 축제 개최(8. 8~8. 10), 반딧불이 표석 제막
	11. 12	사단 법인 국제 환경 노동 문제 연구소에서 '반딧불이 되살리기 운동' 선포식
	12. 2	환경부로부터 '환경 관리 시범 자치 단체'로 지정
1996	5	《무주군보》를 '반딧불'로 제호 변경 제1호 발간
	12. 30	반딧불이 모형으로 가로등 제작 설치
1982	11. 4	무주군 설천면 청량리 반딧불이와 그 먹이(다슬기) 서식지가 천연기념물 제322호로 지정

● 무주 반딧불 축제 홈페이지 (www.firefly.or.kr) 참조

여덟 번째 이야기

환경 보호는 반딧불이 보호부터

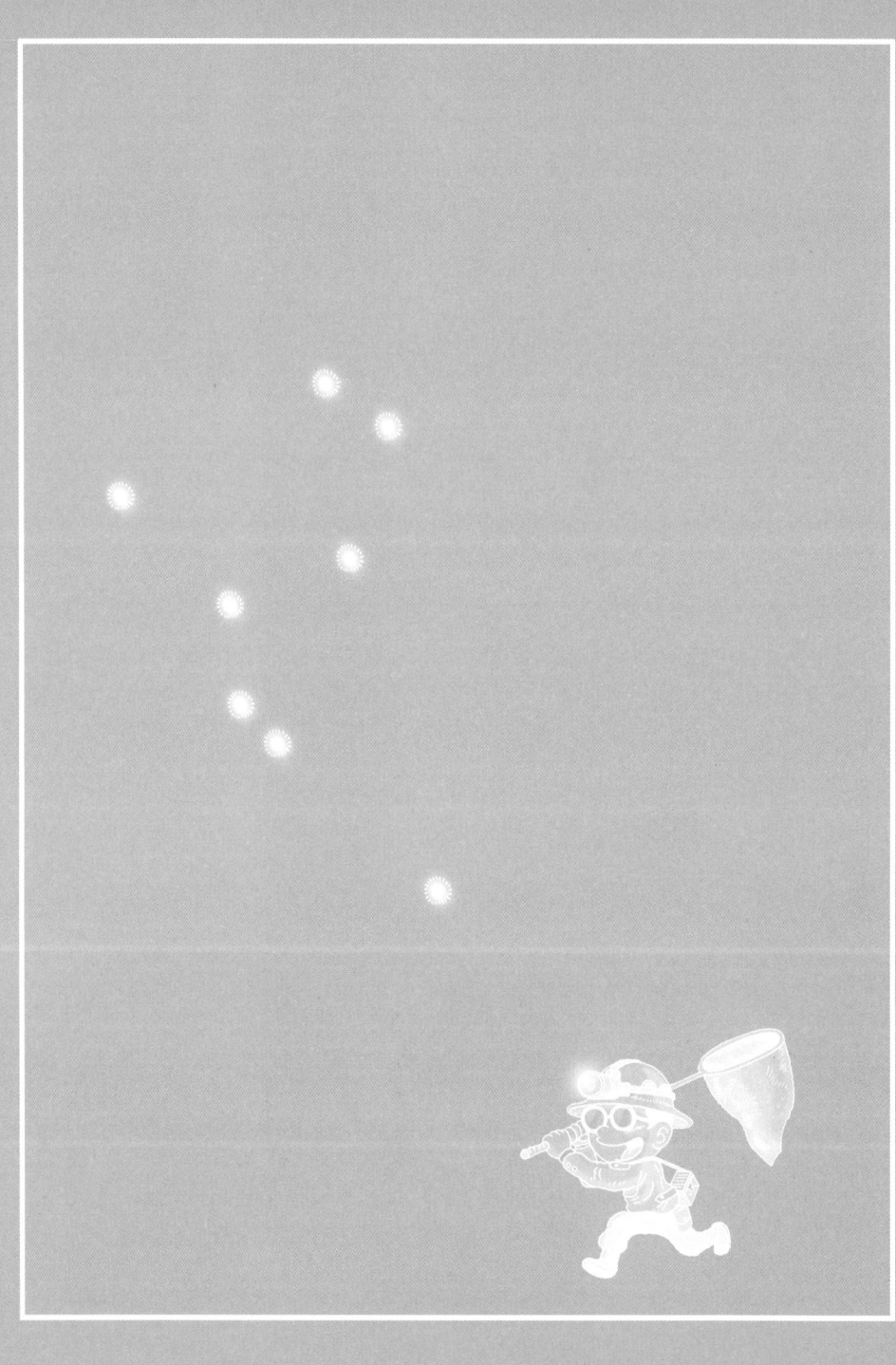

반딧불이는 환경 지표종

　6월의 햇볕이라고 하기에는 너무나도 뜨거운 열기가 가득했던 1993년 6월 25일의 일이다. 아무 생각 없이 그늘에 있는 평상에 누워서 낮잠이나 자고 싶었다. 하지만 더운 열기가 채집에 대한 열망을 잠재울 수는 없었다. 여느 때와 똑같이 어느샌가 내 손에는 포충망이 쥐어져 있었고 가방에는 채집통을 가득 담겨 있었다. 벌써 발걸음은 채집지로 향하고 있었다.

　채집을 시작한 지 시간이 한참 흘렀지만 걸어온 것은 채 100미터도 되지 않았다. 여긴 곤충의 낙원인가? 딱정벌레가 너무 많아서 채집하다 보니 시간이 금방 흘러 버렸다. 하지만 저녁이 되기 전에 텐트를 쳐야 했다. 그래서 아쉬움을 뒤로한 채 발걸음을 돌려 텐트를 치기 시작했다. 며칠간 먹을 식량과 무거운 채집 장비들을 들고 오느라고 너무 힘이 들었다.

 그래서 짐을 내려놓자마자 앞에서 졸졸 흐르는 시냇물부터 보였다. 생각할 것도 없이 앞을 다투어 시냇물로 뛰어들었다. 더위를 식히고 나서 보니 시냇물이 너무나도 투명하고 깨끗했다.

 더운 김에 그냥 마시려고 했지만 혹시나 해서 멈칫했다. 생물학도의 끼가 발동되었다. 물속에 사는 생물들을 살펴보았다. 먼저 1급수에만 산다는 강도래를 발견했다. 그리고 하루살이, 날도래 등을 발견했다. 마찬가지로 1급수 종이다. 더 이상은 확인할 필요도 없었다. 우리는 냇물을 그냥 마셨고 그 물로 밥도 하고 라면도 끓여 먹었다. 그 냇물가에서 3일 동안 있으면서 먹고 살았지만 우리 팀 중 누구도 배탈이 나지 않았다.

 이윽고 밤이 되었다. 등산화 끈을 묶고 밤에는 썰렁하기 때문에 얇은 점퍼를 입었다. 다들 준비를 마치고 채집을 시작하려고 했다. 그런데 눈앞에 반짝이는 무언가가 보였다. 잘못 보았나 하고는 눈을 비비고 다시 바라보았다. 그러나 여전히 깜빡이는 무언가가 있었다. 혹시 야생 동물의 눈이 반짝이는 건 아닌가 하고는 잔뜩 긴장을 했다. 마음을 가라앉히고 가까이 다가가 보았다.

반짝이는 곳에 가까이 가서 머리에 쓴 라이트를 켰다. 반짝이는 생명이 보였다. 그런데 딱정벌레가 아니었다. 마치 해마를 길게 늘려놓은 모양의 유충이었다. 당시에는 애벌레가 왜 반짝이나? 너무나 신기하기만 했다. 하지만 지금 생각해 보면 아무것도 아니었다. 반짝이는 애벌레는 다름 아닌 바로 늦반딧불이 애벌레였던 것이다. 1급수의 물이 흐르는 깨끗한 산에는 반딧불이가 살고 있었다.

이와 같이 반딧불이는 깨끗한 환경에서 산다. 자연 환경이 깨끗하지 않고서는 반딧불이가 산다는 것은 꿈에 불과하다. 이렇게 반딧불이 한 종류만을 놓고서도 그 지역의 환경을 판가름할 수 있는 것이다.

환경의 중요성을 인식한 많은 사람들이 자연 체험에 눈길을 돌리기 시작했다. 자연 체험이 생명 사랑에 대한 감수성을 키울 수 있고, 자연스러운 생물 학습이 되기 때문이다. 따라서 잘 보전된 자연 환경을 기반으로 해서 생태 교육 공간을 개발할 수 있다. 새로 만들어지는 환경 생태 교육 공간에서 반딧불이는 큰 역할을

할 수 있다. 그 증거가 바로 전국 각지에서 열리는 반딧불이 축제와 반딧불이를 주제로 한 생태 공원이다.

다양한 자연 생태 교육 공간들은 어린이들에게 생명의 신비함에 대한 호기심을 유발한다. 그리고 정서 함양 효과도 있다. 반딧불이를 본 어린이들은 자연의 소중함을 인식하게 되며 자연은 아름답고 보존해야 된다는 교훈을 생생하게 느끼게 되는 것이다.

이러한 환경 교육은 환경 개선 운동으로 확산될 수 있다. 환경 보호가 더욱 절실해짐에도 진전되지 못하는 지금 상황에서 반딧불이의 체험 학습은 장기적이기는 하지만 좋은 씨앗을 뿌리는 일일 것이다. 당장의 보호 운동도 중요하지만 미래 세대의 기본적인 생각을 장기적으로 바꾸는 일 역시 가볍게 볼 수 없다.

앞에서 말했듯이 반딧불이가 살고 있다는 것은 그곳이 깨끗한 청정 지역임을 뜻한다. 따라서 반딧불이가 서식할 수 있는 환경을 만드는 일은 그 지역에 여러 가지의 이점을 가져다준다.

먼저 환경 자체가 좋아진다. 둘째로 '생태 관광'이라는 새로운 지역 사업이 가능해진다. 이 생태 관광이 제대로 진행된다면 환경 보호와 지역 소득 증대라는 두 마리의 토끼를 동시에 잡을 수 있다.

반딧불이의 보전에 관심을 기울이는 지자체가 하나둘 늘어난

다면 우리의 생태계는 점차적으로 복원될 것이다. 반딧불이를 살리기 위한 조치들이 전체 환경을 개선하는 조치이기 때문이다. 반대로 반딧불이가 우리 곁을 서서히 떠나간다는 것은 우리 지구가 점점 병들고 있다는 것이다. 우리와 함께 호흡하는 반딧불이가 우리 동네 앞산 뒷산에서 같이 사는 날이 오길 기대해 본다.

친환경 산업의 주인공 반딧불이

아스팔트로 포장된 길을 굽이굽이 돌아간다. 시골길이지만 예상외로 도로는 잘 포장되어 있다. 길 양변에서는 벼농사가 한창이다. 한 달 보름 전에 왔을 때에는 모내기를 했었는데 오늘은 거름을 주려는지 비료 포대를 수북하게 쌓고 있었다. 이렇게 화학 비료를 사용해서 농사를 짓는 곳에서는 반딧불이를 채집하기 힘들다.

길을 따라서 계속 올라가다 보니 산비탈 아래로 논이 보였다. 주변의 풍경은 평화롭고 한적하다. 농사를 짓는 농부가 보였다. 계단식 논에 반딧불이가 많이 산다는 것을 책에서 본 기억이 났다. 농부에게로 가 보았다. 굵은 주름에서 그분 나이를 직감할 수 있었다. "혹시 이곳에서 반딧불이를 보셨나요?"라는 질문에 "반딧불이? 아! 개똥벌레 말이야. 봤지."

연거푸 질문을 했다. "농사지을 때 농약은 사용하시나요?" "그냥 짓지. 농약은 안 써." 유기농으로 농사를 짓는다는 것을 알 수 있었다. 밤에 채집 나올 장소가 하나 생겼다.

우리나라에서 논가에 사는 반딧불이는 애반딧불이뿐이다. 애반딧불이 애벌레는 논에서 논우렁이 등을 먹으며 산다. 그래서 농약을 사용한다면 애반딧불이는 살 수 없다. 현재 대부분의 농촌 지역에서 농약의 살포로 인해서 애반딧불이가 거의 자취를 감춰 버렸다. 보호 대상종으로 지정해야 할 만큼 애반딧불이는 위험한 상태에 처해 있다.

일본 연구자들이 농약과 애반딧불이 생존의 관계에 대한 연구를 한 적이 있다. 일본 환경성 국립 환경 연구소의 보고에 따르면 1회의 농약 살포로 애반딧불이 암컷 성충의 8분의 1이 죽고, 게다가 반딧불이의 알이 농약에 직접 노출되면 80퍼센트가 죽는다고 한다. 농약은 애반딧불이에게 아주 무서운 독인 것이다.

수십 년 전 우리나라에서 사용되었던 유기 수은계 농약과 PCP 등은 애반딧불이, 송사리, 패류 등 민물에 사는 생물들에 상당히 치명적이었다. 그래서 농촌 생태계는 대부분 파괴되었다. 그러나 최근에는 각종 규제 덕분에 DDT, BHC, PCP 등의 사용이 금지되었다. 그리고 주로 사용되는 농약도 점차 저독성 농약으로 대치되어 가고 있어 다행이다. 그래서 최근 서식 환경이 좋은 곳에서는 애반딧불이가 적은 수이지만, 돌아오고 있다.

농약뿐만 아니라 합성 세제도 애반딧불이의 생존에 영향을 미친다. 합성 세제를 1회 투입한 후 24시간 지나서 애벌레를 조사해 보면 1~2령 유충은 70퍼센트가 생존력이 약해졌으며 70퍼센트 중의 20퍼센트는 얼마 지나지 않아서 죽음을 맞이했다. 합성 세제 등이 섞여 있는 생활 오수 등도 애반딧불이 같은 민감한 생물에게는 독이 되는 것이다.

따라서 반딧불이를 보전하기 위해서는 유기농 재배를 해야 한다. 하지만 현실적으로는 무농약보다는 저농약 재배가 주류를 이룰 것이다. 그래도 반딧불이의 보전 지역에서 수확되는 농산물은 당연히 청정하다는 신뢰를 소비자들에게 줄 수 있을 것이다. 실제로 반딧불이 보호 지역임을 쌀자루에 표시한 쌀들도 대형 마트 등에서 흔히 볼 수 있다. 청정 농산물을 수확하는 반딧불이 보전 지역은 홍보 효과가 매우 클 것이다.

결국 반딧불이가 살 수 있는 깨끗한 환경을 만든 지역은 친환경 농법, 환경 보호, 이미지 제고, 소출 증대, 친환경 농법의 확대 같은 선순환의 고리를 타고 발전할 수 있는 기회를 잡을 수 있을 것이다.

　날이 갈수록 도시와 농촌 사이에 양극화 현상이 심해지고 있다. 각 도시는 도시들만의 장점을 살려서 점점 특색 있게 변해 가고 있다. 하지만 농촌은 그렇지 못한 것이 실정이다. 이런 때에 반딧불이를 이용한 친환경 산업은 새로운 계기를 제공할 수 있다.

　벌써 주5일제로 인하여 취미 생활과 여가 생활이 일상에서 큰 비중을 차지하게 되었다. 자연스럽게 가족 나들이도 빈번해진다. 놀이 동산을 찾거나 취미 생활을 하기 위해 떠나는 가족도 있겠지만 전원 풍경을 감상하며 자연 속에서 휴식을 취하러 떠나는 가족들도 있다.

　이들은 자연 생태 공원이 있는 곳으로 생태 문화 체험을 떠나고 있다. 이런 사람들이 늘어나고 있는지 생태 공원들은 여름이 되면 문전성시를 이룬다. 따라서 반딧불이를 이용한 생태 관광 같은 친환경 산업은 낙후된 농촌 지역을 살리는 희망이 되고 있다.

　반딧불이라는 테마가 이렇게 중요하고 각광을 받고 있음에도

불구하고 기초 연구나 조사는 미흡하기 짝이 없는 게 현실이다. 그래서 빛 좋은 개살구 같은 축제의 도구는 될지언정 진정한 주인공이 되지는 못하고 있다. 언제까지 이런 일이 반복되기만 할까? 답답하다.

개똥벌레 노트~*

반딧불이 채집 요령 ①

반딧불이의 불빛은 밝기가 약하다. 때문에 주변의 불빛이 환하면 반딧불이를 찾기는 어렵다. 그래서 보름달이 뜰 때보다는 그믐날에 채집을 나가는 것이 좋다.

채집 장소에 도착하면 손전등을 포함한 모든 불빛을 꺼야 한다. 주변을 어둡게 하고 반딧불을 확인해야 된다. 주변을 살피면서 조심스럽게 걸어가야 하지만 처음엔 어두움에 익숙해지지 않는다. 그럴 때는 눈을 한참 감고 있다가 떠 보면 눈이 적응이 되어 주변이 조금 더 잘 보인다.

어두운 산길을 걷다 보면 다른 빛을 반딧불로 착각하기 쉽다. 달빛이 풀잎이나 냇가에 비추어서 반짝일 때가 그렇다. 그럴 때는 다시 눈을 감았다가 재차 확인해 보면 된다. 계속 일정하게 깜빡거린다면 반딧불이를 발견한 것이다. 잡으러 가자!

반딧불이를 발견하면 빨리 포충망을 휘둘러야 한다. 그러나 어둠 속에서 포충망으로 반딧불이를 잡는 것은 쉬운 일이 아니다.

반딧불이는 한번 날면 포충망이 닿지 않는 높은 곳까지 날아간다. 그래서 반딧불이를 발견하면 재빨리 뛰어가야 된다.

아홉 번째 이야기

반딧불이 키우기

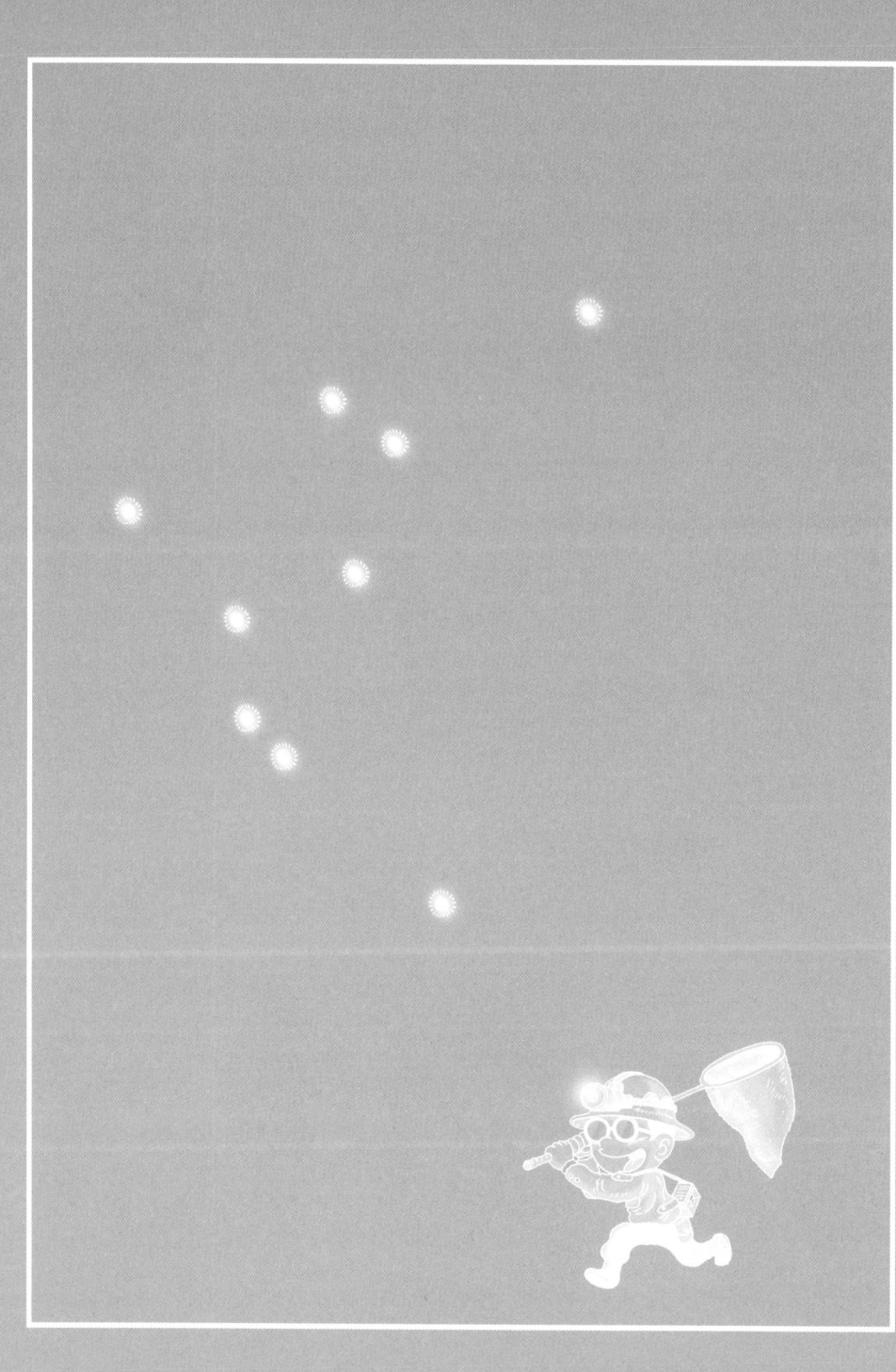

파파리반딧불이 인공 사육법

 1996년 9월 17일이었다. 내 호출기(삐삐, 요즘 사람들은 이런 게 있었는지 기억하기나 할까?)가 울리기 시작했다. 자다 말고 재빨리 일어나서 실험실로 달려갔다. 파파리반딧불이들에게 밥을 줄 시간이 되었는데 정신없이 자고 있었다.

 실험실에 도착하자마자 문을 열고 달려간 곳은 작은 인큐베이터였다. 인큐베이터의 문을 열자 그 안에는 사육 상자가 가득 있었다. 사육 상자를 꺼내어 실험대 위에 올려놓았다. 그리고 한편에 있는 커다란 수조로 다가갔다. 그리고 수조 안에서 다슬기를 꺼냈다. 살아 있는 다슬기에서 다슬기 껍질을 떼어서 분리했다. 그리고 다슬기들을 잘게 쪼개기 시작했다.

사육 상자를 열었다. 사육 상자 안에는 애벌레 한 마리가 꿈틀거리고 있었다. 나는 당시 파파리반딧불이 애벌레들을 한 마리씩 페트리 접시에 넣어서 사육하고 있었다. (이 애벌레들은 채집해 온 파파리반딧불이 암수의 2세였다.)

페트리 접시(배양 접시)가 건조하거나 먹을 음식이 없으면 파파리반딧불이의 애벌레는 죽을 수밖에 없다. 그래서 시간에 맞추어 먹이를 주고 물을 주어야 한다. 정성을 다해서 키우고 있지만 오늘도 수많은 반딧불이의 애벌레가 죽어 있었다. 반딧불이 애벌레가 한 마리, 한 마리가 죽었다는 것을 관찰 일지에 적을 때마다 내 마음은 한 근, 두 근 무거워진다.

페트리 접시를 열어 보니 애벌레가 너무도 힘이 없어 보였다. 갑자기 가슴이 '짠' 해졌다. 수분을 공급하고 먹이를 잘라서 핀셋으로 하나씩 집어서 넣어 주었다. 수분이 날아가지 않도록 페트리 접시를 뚜껑으로 덮고 다시 온도가 일정하게 유지되는 사육 상자에 넣고 그 사육 상자를 다시 인큐베이터에 넣었다. 내일까지 모든 애벌레들이 죽지 않고 살아 있기를 소망하며 인큐베이터의 문을 닫았다.

　파파리반딧불이 애벌레를 직접 채집하기는 상당히 어렵다. 따라서 반딧불이의 인공 사육은 성충을 채집하고 교미시켜 알을 받는 데서 시작하는 게 좋다. 그렇지만 성충이라고 채집이 쉬운 것은 아니다. 특히 다 자란 파파리반딧불이 암컷을 잡는 것은 만만치 않게 어렵다. 100마리 정도의 파파리반딧불이 수컷을 채집하면 암컷은 고작 한두 마리 잡는 것이 보통이다. 그러나 하루에 한 마리도 채집 못 할 때가 부지기수다.

　파파리반딧불이 암컷을 채집하려면 한밤중에 수풀 속을 몇 시간씩 헤매야 한다. 그래도 운이 좋아 암컷을 채집하면 채집한 수컷과 함께 실험실로 가지고 와 인공 교미 환경을 만들어 주고 짝짓기를 시킨다. 수조에 흙을 넣고 이끼를 깔아 주고 반딧불이가 움직일 수 있는 풀들을 넣어 주고 분무기를 뿌려 습도를 높여 준 후 온도를 섭씨 20~25도로 유지해 준다. 그러면 다 알아서 짝짓기를 시작한다.

　짝짓기가 끝나면 알을 받는다. 알을 받는 것은 의외로 간단하다. 수조에서 수컷을 빼내고 흙을 넣고 그 위에 돌, 나무도막, 이끼 등을 넣는다. 그러면 암컷이 이끼 위에 알을 낳는다.

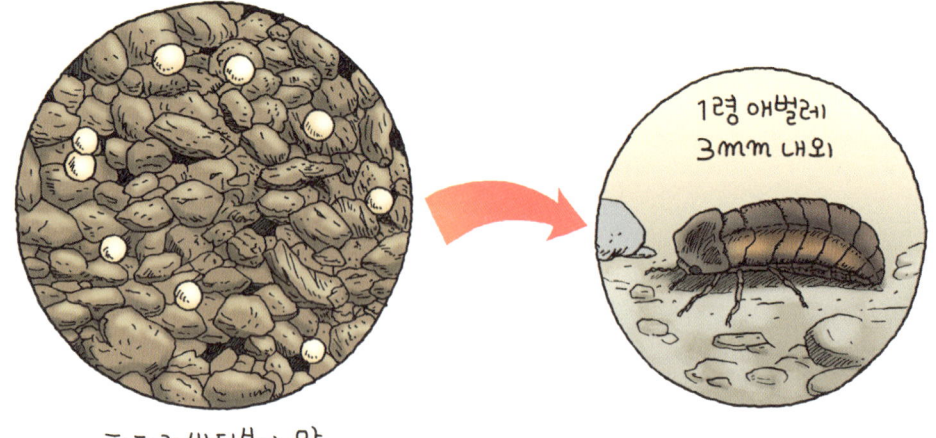

파파리반딧불이 알

파파리반딧불이 암컷은 보통 알을 50~100개 낳는다. 받은 알을 섭씨 25도 내외 환경에서 보관을 한다. 그러면 알을 깨고 나온다. 부화를 하면 애벌레를 한 마리씩 따로 페트리 접시에 담아서 보관을 하면서, 먹이도 주고, 성장 과정도 관찰한다.

사육 상자로는 페트리 접시를 이용하며 거름종이를 아래에 깔고 분무기로 물기를 뿌려 준 후 애벌레와 먹이를 넣어 준 후 밀봉한다. 그리고 온도가 25도 내외 정도로 계속 유지가 되는 항온 장치 속에 넣는다.

여기서 중요한 것은 파파리반딧불이 애벌레의 먹이다. 파파리반

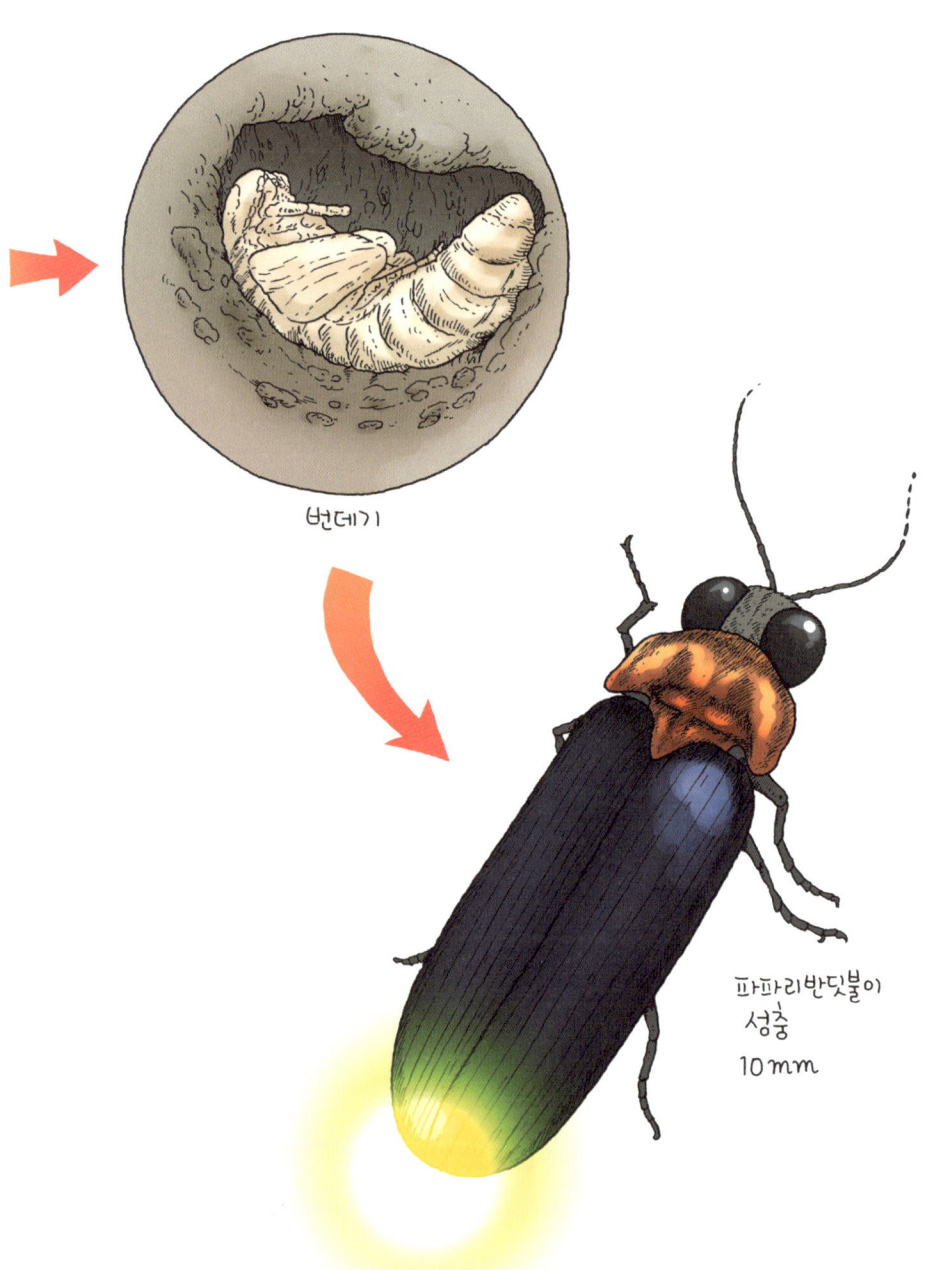

반딧불이 애벌레는 야생에서 달팽이 등을 먹고산다. 그렇지만 달팽이의 채집이나 사육이 어려울 경우에는 다슬기를 먹이로 주어도 파파리반딧불이 애벌레는 잘 먹는다.

 다슬기는 깨끗한 강가에서 채집할 수 있고 먹이인 조류가 자라는 물 담긴 수조에 넣으면 키울 수 있다. 잘 키우면 다슬기가 자기들끼리 번식해 채집하러 나가는 수고를 줄일 수 있다.

 거름종이를 갈아 주고 먹이를 넣어 준 후 수분이 날아가지 않게 밀봉해서 인큐베이터에 넣어 주는 일을 매일 반복한다. 시간이 흐르면 1령 애벌레에서 2령 애벌레로 탈피하는 개체들을 볼 수 있다. 4회 탈피해 종령 애벌레가 되면 부드러운 흙을 깔아 주고 더 넓은 사육 상자에 옮겨 번데기가 되는 것을 돕는다. 흙에서 고치를 튼 애벌레는 번데기가 되고 성충으로 우화하게 된다.

애반딧불이 사육기

 포충망을 힘차게 휘둘렀다. 환한 빛이 포충망 안에서 아름답게 반짝인다. 주변에는 논들이 많이 있고 논 가장자리에는 야트막한 산들이 올록볼록 솟아 있다. 산 사이로는 맑은 시냇물이 흐르고 있다. 그리고 바위나 돌에는 이끼들이 무성하게 끼어 있다. 물가 주변을 날아다니는 반딧불이는 애반딧불이가 맞을 거라 생각했다. 포충망을 길가로 가져와서 머리에 쓴 헤드라이트를 켜고 자세히 살펴보았다. 앞가슴등판에 검은 세로줄이 명확하게 있는 것으로 보아 애반딧불이가 맞았다.

애반딧불이가 수컷인지 암컷인지 찾아보았다. 재빨리 발광하는 마디를 살펴보았다. 여섯 번째 마디와 일곱 번째 마디에 1개씩 발광 마디가 있었다. 수컷이었다. 나도 모르게 안타까운 한숨이 나왔다. 암컷이었으면 더 좋았을 텐데. 암컷은 수컷보다 숫자가 적기 때문에 채집하기가 좀 힘들다. 열심히 뛰면서 많은 수의 채집을 했지만 암컷은 채집할 수 없었다. 실망만 하고 있는데 옆에서 채집하던 친구가 암컷을 채집했다는 신호를 보냈다. 재빨리 달려가서 암컷인지 확인을 했다. 배의 여섯 번째 마디에만 발광 마디가 있는 암컷이 맞았다.

채집을 마치고 실험실로 달려와서 애반딧불이의 신혼 방을 만들어 주고 사육해 보았다. 그때 경험을 바탕으로 애반딧불이 사육기를 간단하게 정리하면 다음과 같다.

먼저 채반 위에 바위에서 떼어 온 이끼를 잘 씻어서 깔아 준다. 그리고 수반에 물을 10여 센티미터 정도 담은 후에 채반을 수반 위에 올려놓는다. 그리고 수반 속에 기포 발생기를 넣어서 기포를 발생시킨다. 수분이 자연적으로 공급이 되기 때문에 채반 속은 다습한 상태가 유지될 수 있다. 성충을 넣은 채반의 윗부분은 모기 망으로 덮어서 성충이 도망가지 못하도록 한다.

이제 반딧불이들을 채반 안에 넣어 준다. 암수 비율은 2 : 3 정도가 좋다. 밀도는 100제곱센티미터당 20마리가 적당하다. 채반의 면적에 따라서 투입하는 반딧불이의 개체수를 늘려 준다. 산란 후에 죽은 반딧불이는 곰팡이가 발생하는 원인이 되기 때문에 즉시 꺼내어 채반의 청결 상태를 유지한다.

산란 중의 온도는 섭씨 23~25도 내외를 유지한다. 암컷이 낳은 알을 모으고 나면 알을 둔 곳의 습도와 온도를 유지시키고 기포 발생기로 알이 건조해지지 않도록 하면서 2~3일 정도 기다린다. 그러고 나면 애벌레들이 알을 깨고 나오기 시작한다.

애반딧불이 애벌레들이 알을 깨고 나오면 그들이 다 자랄 때까지 지낼 사육조를 만들어 줘야 한다. 먼저 굵은 모래를 깔고 그 위에 자갈들을 깔아 주고 은신처가 될 수 있는 돌 등을 넣어 준다.

충분한 산소가 공급될 수 있도록 기포 발생기를 가동시킨다. 수온이 높으면 먹이가 부패하므로 섭씨 21~23도를 유지한다. 사육 밀도는 100제곱센티미터당 1~3령은 50~60마리를 넣고 4~5령은 15~20마리를 넣는다. 그리고 햇빛을 받을 수 있게 해 준다.

먹이로는 다슬기도 나쁘지 않다. 다슬기 외에도 물달팽이나 논고둥 같은 동물도 먹는다. 애벌레의 크기에 맞게 작은 고둥류를 주려고 했지만 채집하기는 너무 힘들다. 그래서 다슬기를 잘라서 주었다. 그러나 죽은 다슬기는 썩기가 쉽다. 그래서 청결을 유지하도록 관리하는 데 신경을 많이 써야 했다. 그리고 무엇보다도 물이 중요했다. 오염되지 않은 개울물이 가장 좋지만 구하기가 어려웠다. 그래서 수돗물을 썼다. 바로 사용하면 소독약의 영향을 받을 수 있기 때문에 2~3일 정도 받아 놓았다가 사용해야 했다.

충분히 자란 애벌레는 가끔씩 물속에서도 불빛을 낸다. 애벌레가 빛을 내기 시작하면 땅 위로 올라가겠다는 표현이다. 그때에는 그들이 땅을 밟을 수 있도록 뭍을 마련해 주어야 한다. 흙을 경사지게 놓고 돌이나 숯 조각을 넣어 둔다. 그러면 애벌레가 돌이나 숯 아래로 들어가서 흙고치를 짓고 번데기가 된다. 흙은 물이 잘 빠지는 것이어야 하고, 최대한 청결 상태를 유지하는 것이 중요하다.

상륙 장치에는 100제곱센티미터당 10마리 내외를 넣어 주는 것이 중요하다고 한다. 상륙하고 30일 정도가 지나면 성충이 발생을 한다. 성충이 언제 태어날지 모르기 때문에 사육 상자 위에는 모기장을 쳐 놓아야 한다. 성충의 서식 환경은 습도 80퍼센트 이상의 습한 상태로 유지해 주어야 한다. 그 후에 짝짓기 및 산란 장치로 이동시킨다. 이렇게 반딧불이의 한살이를 모두 관찰할 수 있다.

애반딧불의 애벌레는 우리 자연의 수자원이 살아 있음을 바로 알려주는 환경 지표종이다. 물이 오염되면 다슬기가 먼저 사라질 것이고 곧 반딧불이도 우리 곁을 떠나게 된다. 우리가 망가뜨린 샛강을 공들여 되살려 놨을 때 애반딧불이가 없다면 얼마나 쓸쓸할까. 그때 애반딧불이 인공 사육은 우리 추억 속의 풍경을 되살리는 데 조금이나마 역할을 하지 않을까?

늦반딧불이 키우기

　반딧불이 사육기를 정리하는 김에 우리나라에서 가장 큰 반딧불이 종인 늦반딧불이 사육법도 정리해 보자.

　늦반딧불이는 애반딧불이나 파파리반딧불이와는 달리 민가 근처에서 가장 흔하게 볼 수 있는 반딧불이다. 늦반딧불이는 애반딧불이나 파파리반딧불이처럼 6월에 발생하는 종류가 아니라 7월 중순 이후에 발생한다는 점이 다르다. 이렇게 늦게 출현한다고 해서 늦반딧불이라는 이름이 붙었을지도 모른다.

　늦반딧불이의 성충을 가지고 실험을 하려면 7월 이후부터 채집해서 사육해야 한다. 아니면 4월에 채집한 늦반딧불이 애벌레를 사육하여 성충으로 우화시키는 것도 시도해 볼 만하다.

　늦반딧불이도 파파리반딧불이처럼 야생에서는 달팽이를 잡아먹고 산다. 그러나 야생 달팽이를 채집하는 것과 사육하는 것은 반딧불이 못지않게 힘들다. 그래서 경우에 따라서는 파파리반딧불이와 마찬가지로 사육한 다슬기를 먹이로 주어도 좋다.

　섭씨 23~25도의 온도와 건조하지 않은 일정한 습도를 유지하는 게 좋다. 사육실 내에는 해가 떠 있는 시간만큼만 조명을 켜 주는 게 좋다. 그래야 자연 상태에 가까운 형태를 관찰할 수 있다. 밀도는 100제곱센티미터당 5~10마리가 적당하다.

다슬기를 먹고 자란 애벌레가 성장하면서 탈피를 한다. 탈피를 거치면서 늦반딧불이는 몰라보게 성장을 한다. 다 자란 애벌레는 사육조에 가져다 놓은 돌 밑이나 풀뿌리 밑에 들어가서 번데기가 된다. 번데기가 된 후 10여 일이 지나면 성충이 된다.

우화한 성충 중에 다행히도 암컷이 있을 경우에는 늦반딧불이를 한 세대 더 키워 볼 수 있다. 암수 한 마리씩 사육 상자에 넣어서 짝짓기를 할 수 있게 해 준다. 짝짓기를 한 후에는 암컷과 수컷을 분리한다. 계속 놓아두면 죽지 않은 수컷이 계속 짝짓기를 시도하기 때문이다. 암컷의 산란에 방해가 되지 않도록 암수를 분리한다.

늦반딧불이는 알을 깨고 나오는 데 시간이 많이 걸린다. 암컷이 알을 낳으면 그것을 섭씨 25도, 습도 80퍼센트 상태에 보관하면서 알깨기를 유도해야 한다. 산란에서 알을 깨고 나올 때까지 4개월 이상의 시간이 걸린다. 자연에서는 이때가 바로 겨울이다. 알에서 깨어난 늦반딧불이는 흙 속에서 직접 먹이를 찾기 힘들므로 어느 정도 자랄 때까지 먹이를 넣어 준다.

자연 상태에서도 늦반딧불이는 애벌레 상태로 겨울을 난다. 그리고 봄이 되면 지표면에서 번데기가 되고 다시 성충으로 우화한다.

  늦반딧불이든 파파리반딧불이든 이 생활사를 수억 년 가까이 반복해 왔다. 사육 상자를 만들어 자연이 만들어 놓은 놀라운 메커니즘을 재현해 볼 때마다. 그 메커니즘의 교묘함에 항상 감탄할 뿐이다. 자연에 우리 인간이 더할 것은 거의 없다.

열 번째 이야기

반딧불이의 족보

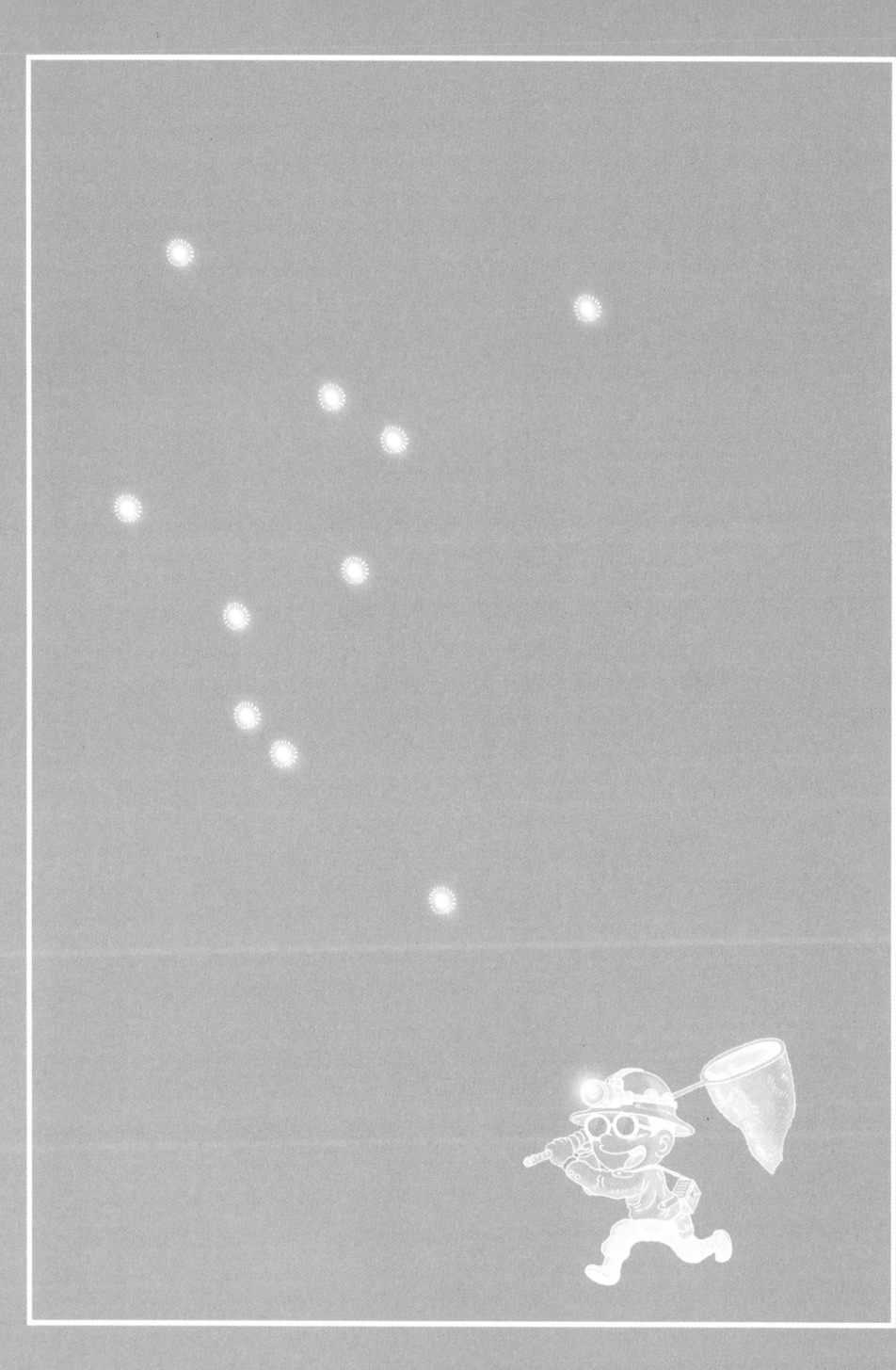

개똥벌레에 미친 교생 선생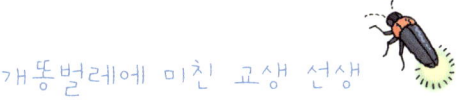

상쾌한 봄바람이 하얀 옷을 입은 벚나무를 흔들면 벚꽃이 꽃비가 되어 내린다. 벌써 완연한 봄이 되었다. 하늘 위에 떠 있는 태양 빛이 포근하기만 하다. 봄을 감상할 때가 아니었다. 벌떡 일어나서 서둘기 시작했다. 와이셔츠를 입고 넥타이를 매고 양복을 입었다. 다름이 아니라 교생 실습이 나가야 하기 때문이다. 그리고 밤에는 매일 반딧불이를 만나야 한다. 벌써부터 맘이 급해졌다. 1996년 6월 반딧불이와의 만남에 정신이 없던 나는 교생 실습을 나가고 있었다.

정신없이 옷을 갈아입고 학교로 달려갔다. 다행히 지각은 아니었다. 계속되는 반딧불이와의 만남이 무리였는지 하품이 연신 나왔다. 기지개를 켜 보아도 몸은 내내 나른하기만 하다. 졸린 눈을 비비며 잠을 깰 요량으로 자판기 커피를 한 잔 마신다. 이제 겨우 살 것 같다. 배정받은 학급에 가서 생물 수업을 한다. 처음 해 보는 거라서 많이 떨렸다. 지금 하라고 하면 잘했을 것 같은데 그때는 왜 그리 서툴렀는지.

점심을 먹고는 다시 참관 수업에 들어갔다. 수업을 듣는 학생들보다도 참관 수업을 하는 예비 선생님들이 더 졸려 보였다. 나도 예외는 아니었다. 수업이 다 끝날 때까지 졸음이 그치지 않았다. 지루했던 일과 시간이 모두 끝났다. 선생님들은 앞을 다투어 불편한 넥타이를 풀고 양복을 벗어 버리고 자유의 몸이 되었다. 나도 청바지와 티셔츠로 갈아입었다. 그러자 희한하게도 하루 종일 나를 괴롭히던 졸음이 사라져 버렸다.

시계는 어느새 오후 6시를 가리키고 있었다. 서쪽 하늘로 지는 태양을 바라보며 반딧불이를 만나러 갈 준비를 했다. 저녁을 먹고 채집 장비들을 챙겼다. 어둠은 금방 찾아왔고 나는 실험실에 들른 다음 채집지로 향했다.

채집지에 도착해서 반딧불이를 찾아봤다. 하루 종일 졸음에 시

달리던 눈은 어느새 초롱초롱해졌다. 풀잎 근처에서 반딧불이의 불빛이 깜빡거렸다. 머리에 쓴 헤드랜턴을 밝히고 반딧불이를 찾았다. 가장 먼저 눈에 띈 것은 우리나라에서 가장 큰 반딧불이 종류인 늦반딧불이의 애벌레였다. 늦반딧불이의 애벌레의 몸길이는 3~5센티미터이다. 성충은 애벌레보다 작은 1~2센티미터이다.

한편 애반딧불이나 파파리반딧불이의 경우에는 성충의 크기가 1센티미터도 안 될 정도로 매우 작다. 그러나 해외로 나가면, 특히 동남아시아 열대 지방으로 가면 애벌레의 몸길이가 9센티미터에 이르는 대형 반딧불이들을 볼 수 있다. 아무튼 반딧불이들은 대체로 애벌레 때가 성충 때보다 훨씬 크다.

늦반딧불이 애벌레를 뒤집어서 꽁무니를 바라보았다. 발광 마디에서 빛이 나온다. 반딧불이 애벌레도 빛을 낼 수 있다는 것을 눈으로 확인했다.

반딧불이의 가장 큰 특징은 발광 마디를 가지고 있다는 것이
다. 흔히 수컷은 2마디의 발광 마디를 갖고, 암컷은 한 마디의 발광 마디를 가진다는 것이 특징이지만 모든 종류가 다 그런 것은 아니다. 때로는 암수가 모두 여섯 번째 마디에만 발광 마디를 가지는 것도 있다. 그리고 발광 마디를 전혀 갖지 않는 반딧불이도

있다. 이렇게 발광 마디가 퇴화된 종류는 야행성에서 주행성(晝行性, 낮에 활동하는 성질)으로 바뀐 종류들이다.

이번에는 포충망을 휘둘러 파파리반딧불이를 잡았다. 또 파파리반딧불이 수컷이었다. 반딧불이 수컷보다 암컷을 채집하기 힘들다. 암컷들은 날지 않고 풀숲 깊숙한 곳에 숨어 있기 때문이다. 그래서 눈에 잘 띄는 수컷만 잘 잡힌다. 또 반딧불이의 암수 비율이 수컷이 더 많은 것도 수컷 반딧불이가 더 많이 잡히는 큰 이유이다.

채집한 파파리반딧불이를 꼼꼼히 살펴보았다. 수컷들이 대개 암컷들보다 눈의 크기가 크다. 밤중에 암컷을 찾아다녀야 하는 수컷의 눈이 발달하는 것은 당연한 일일지도 모른다.

그리고 반딧불이는 더듬이 모양도 암수가 다르다. 발광보다는 페로몬에 의존하는 일부의 야행성 반딧불이와 주행성 반딧불이의 수컷은 더듬이가 발달되었다. 톱니 모양으로 굵은 더듬이나 빗처럼 가지를 많이 가진 더듬이가 암컷이 내는 페로몬 향기를 더 잘 맡을 수 있게 해 주기 때문이다.

반딧불이의 불빛에 민감하게 반응하는 야행성 동물의 눈도, 페로몬을 감지하는 더듬이도 없는 내가 반딧불이 암컷을 찾으려면 풀숲 사이를 열심히 살필 수밖에 없다. 수풀 사이를 자세히 살펴보다 보면 착시 현상이 생길 때가 한두 번이 아니다. 달빛에 반짝이는 모든 것들이 반딧불이 암컷처럼 보인다. 반딧불이 암컷을 채집하고 싶어 하는 내 마음이 만드는 환상이리라.

어쩔 수 없이 나는 한 가지 속임수를 사용해 보았다. 바로 라이터이다. 라이터의 불빛을 번쩍하게 하여 수컷인 것처럼 가장한다. 그러면 암컷도 깜짝 놀라서 무의식적으로 깜빡깜빡 불빛을 낸다. 그것을 보고 암컷을 채집을 하는 것이다. 수풀 속을 기어 다니고, 논밭을 뛰어다니고, 온갖 속임수를 써야 하는 등 암컷을 채집하는 것은 그리 녹록지 않았다.

온갖 고생을 한 오늘 채집에서 수컷은 100여 마리를 발견했지만 암컷은 상대적으로 적었다. 수컷과 암컷을 교미시키기로 하고 사육조에 같이 넣어 주었다. 며칠이 지나면 이들의 2세를 볼 수 있을 것이다. 스르르 감기는 눈을 비비며 실험실을 나오는데 태양이 뜨고 있었다.

반딧불이의 일가친척들

우리나라에 서식하는 반딧불이는 모두 몇 종일까? 『한국곤충명집』에 따르면 8종이 있다고 한다. 그리고 전 세계적으로는 2100여 종이 있다고 한다. 가까운 이웃 나라 일본의 오키나와만 해도 44종이 살고 있으며 타이완에도 45종이 살고 있다.

일본과 타이완의 경우에서 보듯이 반딧불이는 열대 지방에 더 많이 서식한다. 그 지역보다 추운 겨울이 있는 우리나라는 반딧불이의 서식지로는 최적의 조건은 아닌 것이다.

우리나라에서 최초로 명명된 반딧불이는 꽃반딧불이(*Lucidina biplagiata*)이다. 한반도에 서식하는 반딧불이에 대한 본격적인 연구는 우리나라의 자연사 연구가 다 그렇듯이 일본인들에 의해 이루어졌다. (안타까운 근대사 때문이다.) 오카모토라는 일본인이 일본반딧불이(*Luciola cruciata*)를 발견해 기록했다. 그리고 도이 간초(土居寬暢)라는 이름의 일본 연구자가 2종의 신종과 3종의 미기록종을 보고했다. (도이 간초는 일제 시대 때 평양 고등 보통 학교에서 생물을 가르쳤다고 한다.)

도이 간초가 발견한 신종은 1931년에 운문산에서 발견된 운문산반딧불이(*Luciola unmunsana*)와 1932년에는 함경남도 파발리에서 채집된 파파리반딧불이(*Hotaria papariensis*)였다. 그리고 미기록종 중 둘은 1931년에 애반딧불이(*Luciola lateralis*)와 늦반딧불이(*Lychnuris rufa*)임으로 밝혀졌고, 마지막 한 종은 1935년에는 북방반딧불이(*Lampyris noctiluca*)로 확인되었다.

일제 시대 이후에도 반딧불이 연구가 깊이 있게 진행되어 몇 종의 반딧불이가 새롭게 발견되었고 다음 쪽과 같은 체계적인 분류표를 만들 수 있게 되었다.

우리나라에 서식하는 반딧불이들은 앞의 분류표에서 볼 수 있는 것처럼 8종이나 된다. 이탤릭체로 씌어 있는 학명을 살펴보자. 파파리반딧불이의 학명은 *Hotaria papariensis*(Doi)라고 표기하는데, 이탤릭체로 씌어진 앞의 두 단어가 순서대로 속명, 종명이고, 세 번째 괄호 안에 있는 단어가 명명자의 이름이다. '도이'라는 사람이 '파발리'에서 발견한 호타리아(*Hotaria*) 속의 반딧불이, 파파리엔시스(*papariensis*)가 이 학명의 의미이다.

'도이'는 앞에서 이야기했듯이 일제 시대에 한반도의 산천을 오가며 반딧불이를 연구한 일본인 학자 도이 간초의 이름이고, 호타리아 속은 일본어로 반딧불이를 뜻하는 '호타루(ほたる)'라는 어

원에서 온 것이다. 우리나라의 대표 반딧불이의 학명에 일본인의 흔적이 강하게 남아 있는 게 기분 좋은 일만은 아니다.

그러나 한국의 기초 과학 연구 곳곳에 일본인의 흔적이 남아 있지 않는 곳이 없고, 과거 일본인들의 성과를 잊혀지게 할 만큼 깊고 넓은 연구 성과를 내지 못하고 있는 게 우리의 현실이지 않은가.

내가 반딧불이를 한창 채집하던 시절, 현장에서 흔하게 볼 수 있는 종류는 늦반딧불이, 애반딧불이, 파파리반딧불이 정도였다. 내가 주로 다닌 채집 지역이 강원도 지역으로 제한되어 있던 탓인지 다른 반딧불이들은 만나기 힘들었다. 그래도 오랫동안 반딧불이 채집을 다니면서 채집한 반딧불이를 분류할 수 있는 몇 가지 요령을 터득했다.

만약 채집한 반딧불이 성충이 1센티미터가 넘는다면 늦반딧불이와 북방반딧불이일 것이다. 그중에서 앞가슴등판이 연황색을 띠면 늦반딧불이이고 흑갈색을 띠면 북방반딧불이이다.

그러나 몸길이가 1센티미터가 되지 않는다면 이들은 애반딧불이나 혹은 운문산반딧불이 종류이다. 앞가슴등판에 세로줄의 굵은 선이 있다면 애반딧불이이고 선이 없다면 운문산반딧불이 종

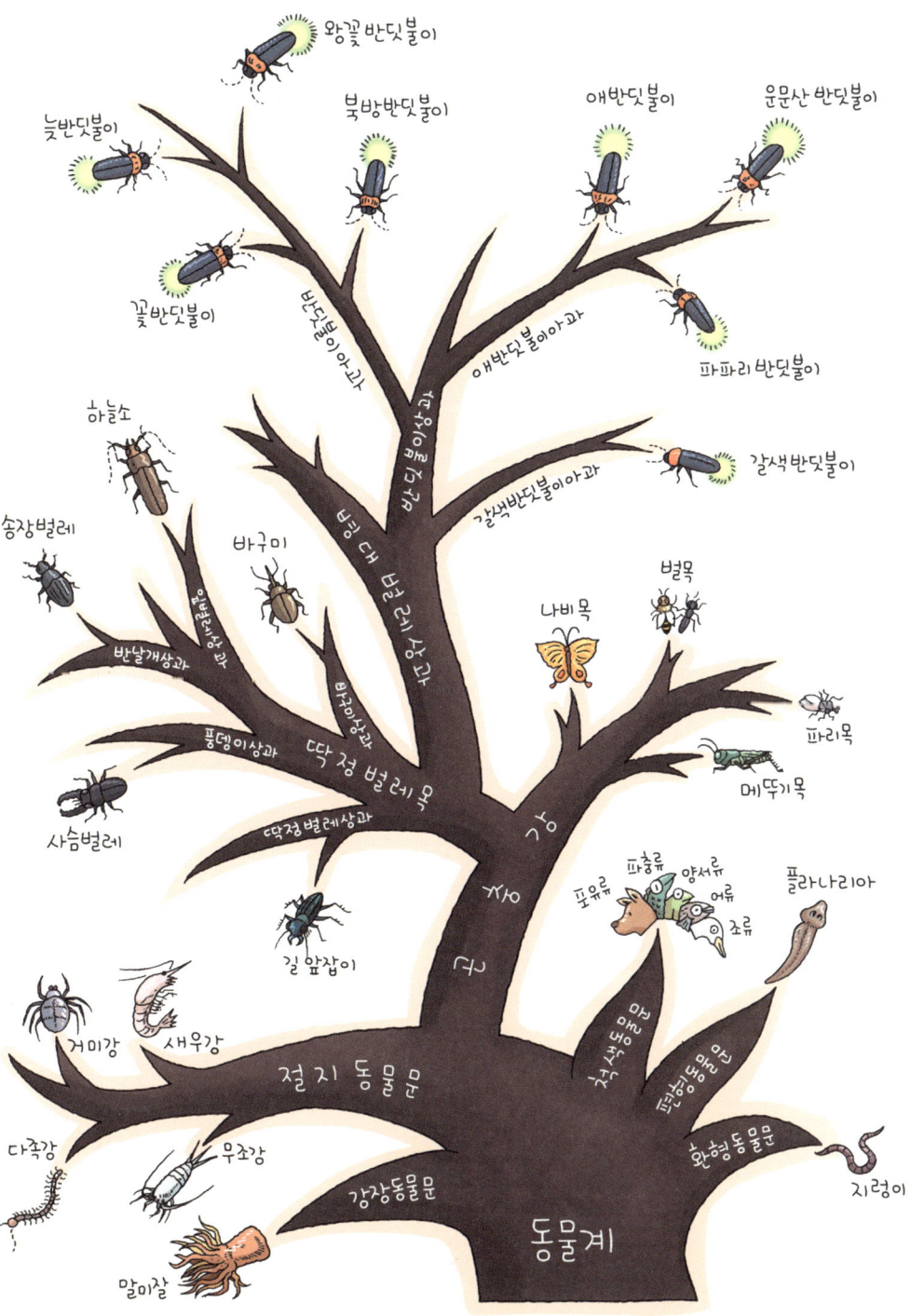

류다. 운문산반딧불이 종류 중에서 앞가슴등판에 검은 점이 전혀 없다면 운문산반딧불이이고 검은 점이 있다면 파파리반딧불이이다.

반딧불이인데, 빛을 내지 않으면 그 곤충은 발광이 아니라 페로몬으로 교신하는 주행성 반딧불이인 꽃반딧불이류이다.

반딧불이에게는 분류학적인 친척들이 있다. 이 친척들은 우선 생김새가 비슷하고 몇 가지 공통된 특징을 가지고 있다. 반딧불이는 병대벌레상과에 속하는 곤충이다. 이 병대벌레상과에는 홍반딧과(Family Lycidae)와 병대벌렛과(Family Cantharidae)가 포함된다. 따라서 병대벌레나 홍반디들은 반딧불이와 몇 가지 닮은 특징을 가지고 있다.

예를 들어 예쁜 주홍색 날개를 가진 주홍홍반디(*Dictyopterus aurora* (Herbst))의 애벌레는 반딧불이의 애벌레와 아주 닮았다. 나는 종종 반딧불이의 애벌레인 줄 알고 채집해 사육조에서 기르다가 성충이 되고 나서야 주홍홍반디인 줄 알게 된 경우가 여럿 있다. 또 홍반디나 병대벌레는 반딧불이처럼 딱지날개가 부드러운 것이 공통점이다. 그래서 반딧불이의 친척이라고 부를 수 있다.

미국에는 미대륙반딧과(Pengodidae)가 있다. 종류가 약 50여 종류가 되는데 대표적인 종이 철도벌레(Phrixothrix)이다. 남아메리카에 사는 이 곤충은 몸의 양 옆에서 11개의 초록색 빛을 내고 머리에서는 2개의 붉은 빛을 낸다. 땅을 기어갈 때 기차처럼 보인다고 해서 철도벌레라고 불린다.

한편, 반딧불이 말고도 빛을 내는 동물들이 있다. 뉴질랜드 노스 섬에 있는 와이모토 동굴은 반딧불이 동굴로 유명하다. 그렇지만 동굴 천장에 매달린 것은 반딧불이가 아니고 아라크노캄파 루니노사(*Arachnocampa luminosa*)란 빛버섯파릿과의 곤충이다. 이 빛버섯파리는 동굴 천장에 점액질의 아교처럼 생긴 물질에 싸인 알을 낳는다. 그리고 알에서 깨어난 애벌레가 푸르스름한 초록색 빛을 내는 것이다.

멕시코에 사는 또 다른 발광 곤충으로는 방아벌레의 일종인 피로포루스방아벌레(*Pyrophorus*) 속의 곤충이 있다. 머리 바로 뒤에서 두 개의 초록색 빛을 내고 배에서는 주황색의 빛을 낸다. 그래서 깜깜한 밤에 이들을 만나면 대부분의 사람들이 반딧불이로 착각을 한다.

140만 종이라는 동물 중에서 100만 종이 곤충이다. 수많은 종류들은 각기 다른 방식으로 동물이라는 나무의 나뭇가지를 차지

한다. 다양한 나뭇가지 중의 하나는 반딧불이가 차지한다. 이렇게 동물의 계통수를 따지다 보면 수없이 많은 생명의 다양함에 문득문득 놀란다. 사람들마다 독특한 특성을 가지듯 반딧불이도 맘껏 개성을 표현한다. 반딧불이들은 볼 때마다 새롭다.

열한 번째 이야기

반딧불, 반딧불이?

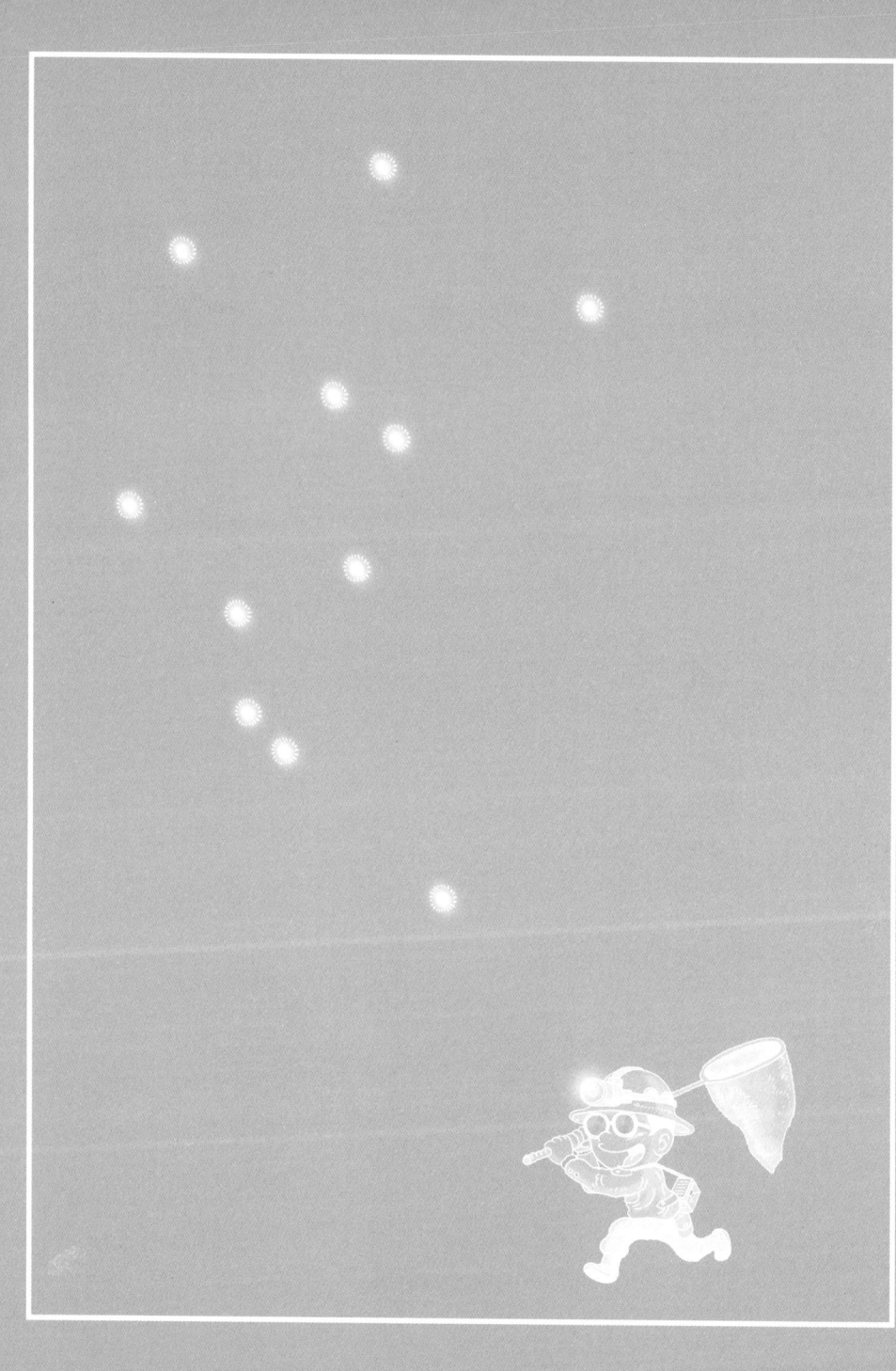

반딧불과 반딧불이

 창가에 기대서 파란 하늘을 하염없이 바라본다. 눈부시게 밝은 햇살에 눈살을 살짝 찌푸린다. 따뜻한 햇볕에 졸음이 스르르 몰려온다. 마침내 꾸벅꾸벅 졸기 시작한다. 달콤한 낮잠에 빠질 무렵 갑자기 울리는 따르릉 종소리에 눈을 번쩍 떴다. 정신을 차리고 부리나케 자리로 돌아가 앉는다.

 지금은 10여 년 전 중학교 생물 시간. 내가 제일 좋아하는 수업 시간이다. 선생님께서 들어오셨다. 오늘의 수업 주제는 곤충이었다. "빛으로 대화하는 곤충은 무엇인가요?" 하는 선생님의 질문에 여기저기서 "반딧불." "반딧불." 하는 대답이 흘러나왔다. 나도 자신 있게 "반딧불." 하고 대답을 했다. 이야기를 듣던 선생님은 "자 그만, 그만. 여기 집중." 하고 아이들의 입을 막았다. "여러분이 알고 있는 반딧불은 '반딧불이'의 불빛을 말하는 것입니다. 원래의 명칭은 '반딧불이'가 맞습니다."

나는 그때 처음 '반딧불'이 아니고 '반딧불이'가 정식 이름이라는 것을 알았다. 지금도 '반딧불이'와 '반딧불'의 차이를 사람들은 잘 모른다. '반딧불이'라고 정확한 명칭을 사용하는 사람을 쉽게 만날 수는 없다.

그러면 '반딧불이'라는 현재의 명칭이 생기기까지 어떠한 이름으로 불리어졌을까? 사람들이 이야기하는 반딧불이나 개똥벌레 같은 이름들이 어떻게 붙은 것일까? 여러 자료들을 모아서 찾아보기 시작했다. 도서관을 샅샅이 뒤지고 여러 인터넷 자료와 문헌을 살펴보면서 반딧불이의 이름에 대한 의문들이 서서히 풀려 갔다.

먼저 반딧불이의 이름은 어떻게 변했는지부터 찾아보았다. 16세기의 한자 자습서 『훈몽자회(訓蒙字會)』 상권 21에 따르면 반딧불이의 고어는 '반도'이다. 『훈민정음해례본(訓民正音解例本)』과 『청구영언(青丘永言)』에서는 '반되'라고 적고 있다. 그리고 반딧불은

'반되블'이라고 썼다. 이것이 '반디'와 '반딧불'이 되었을 것이다.

근대 생물학이 들어오기 전에는 한반도에 서식하는 반딧불이 종들을 하나하나 구분해 부르지는 못했을 것이다. 그래서 해방 전후까지 애반딧불이, 파파리반딧불이 모두 뭉뚱그려 '반딧불이'나 '개똥벌레'라고 표기했다. 그러나 활동 시기가 다른 늦반딧불이는 '늦반디'로 명시했다.

1968년 『한국동물명집』이 편찬되고 한반도에 서식하는 동물들의 이름이 체계적으로 명명되기 시작했다. 이 책에서 비로소 곤충은 '반딧불'+접미어 '이'를 붙여 표기하고 그 곤충이 내는 불빛만을 반딧불로 표기한다는 규칙이 확정되었다. 하지만 여전히 '반딧불'과 '반딧불이'는 혼용되어 사용되고 있다. 정확한 명칭은 '반딧불이'가 맞고 반딧불이가 내는 불빛은 '반딧불'이다.

학자들 말고 보통 사람들은 대부분 개똥벌레라고 부른다. 개똥벌레는 옛날 사람들이 두엄 근처에 모여 있는 반딧불이를 보고 개똥이 변하여 벌레가 된 줄로 잘못 알아서 붙인 이름인 듯하다. 중국의 고전인 『예기(禮記)』를 보면 '부초위형(腐草爲螢)'이라는 말이 나오는데, 부초(腐草)란 거름더미를 뜻하고 형(螢)은 개똥벌레를 뜻한다.

영어로는 firefly라고 해서 '불빛을 내는 파리'라고 불린다. 그리고 일본에서는 호타루라고 부른다.

우리나라 안에서도 반딧불이를 부르는 이름은 아주 다양하다. 각 지역 사투리에 따라 각기 달라서 반딧불이를 지칭하는 것인지 아닌지도 구분하기 힘든 말도 있다. 강원도에서는 개똥벌, 개똥벌기 충북에서는 개똥버러지, 전남에서는 개동벌가지, 까랑, 경북에서는 개똥벌개, 개똥벌갱이, 경남에서는 개동벌갱이, 까래이, 까랑이, 황해도에서는 개동파리, 까리 등으로 부른다.

기상캐스터 반딧불이

"반딧불이가 높이 날면 바람이 불지 않는다."라는 말이 있다. 이 말처럼 우리 선조들은 예로부터 반딧불이가 나는 모습으로 기상의 변화를 예측했던 것 같다. 반딧불이는 작은 곤충이고 비행력이 뛰어나지 못한 곤충이기 때문에 바람이 불거나 날씨가 좋지 않으면 높이 날 수 없다. 하지만 바람이 없고 날씨가 좋은 날에는 하늘 높이 날 수 있다. 반딧불이의 수컷들은 하늘 높이 날면서 풀숲 근처에 있는 암컷에게 사랑의 신호를 보내는 것이다.

선조들이 많이 쓰던 또 다른 말로는 "누에를 치는 곳에 반딧불이를 풀어놓으면 쥐가 얼씬하지 못한다."라는 말이 있다. 도깨비불에 사람이 놀라는 것처럼 반딧불이의 불빛에 쥐가 놀라서 도망간다고 믿었던 것 같다. 선조들은 반딧불이의 불빛을 경고등으로 사용하고자 했던 것 같다.

반딧불이와 관련된 속담도 있다. 요즘에는 반딧불이가 보기 힘들지만 예전에는 그렇지 않았던 것 같다. "그루밭 개똥불 같다."라는 속담이 있다. 밀이나 보리를 심은 밭을 그루밭이라고 하는데 이곳에 반딧불이가 많이 반짝거린다는 뜻이다. 이 속담은 예전에 반딧불이가 아주 흔하고 많았다는 것을 알려준다.

또 다른 속담으로는 "개똥불로 별을 대적한다."라는 속담이 있다. 아주 무모한 행동을 가리키는 말이다. 작은 반딧불로 별이라는 큰 불빛과 맞서 싸운다는 것은 상당히 어리석은 일이다. "달걀로 바위를 치는 격이다."라는 속담과 유사하다.

죽어서 반딧불이가 된 순봉

우리나라 전설 속에도 반딧불이가 등장한다. 하지만 그리 많지는 않다. 여기저기 열심히 찾아봤지만 우리나라의 반딧불이 전설은 겨우 단 1편만 찾을 수 있었다.

이것도 우리 책이 아니라 일본 책에 소개되어 있었다. 1992년 일본에서 발행된 고니시 마사야스(小西正泰)의 『곤충의 문화지』에서 소개한 내용이다.

옛날 한양의 교외에 판서 이씨 부자가 살고 있었다. 부부 사이에 숙경이라는 딸이 하나 있었다. 숙경은 17~18세가 되자 마을 안에서 평판이 좋았다. 한가로운 봄날이었다. 숙경이 초당에서 독서를 하고 있었다. 독서를 마치고 정원에 나가 만개한 살구꽃을 바라보는데, 이때 마침 늙은 과부의 아들인 청년 순봉이 지나가고 있었다. 지나가다가 숙경을 보고는 발걸음을 뗄 수 없었다.

단 한 번 보았지만 아리따운 숙경의 모습이 계속 아른거렸다. 순봉은 숙경이 생각에 식욕을 잃기 시작했다. 그날부터 순봉은 낮에는 산에 올라가 숙경이 있는 초당을 바라보았다. 그리고 밤이 되면 울타리 옆에 서서 그녀의 목소리에 귀를 기울였다.

순봉은 홀어머니를 모시는 것조차 잊어버리고 숙경을 한 번 보는 것만을 소망했다. 계속되는 짝사랑에 가슴 졸이던 순봉은 상사병에 걸려 시름시름 앓기 시작했다. 양반과 평민이라는 신분의 차이를 뛰어넘지 못한 순봉은 결국 세상을 떠나고 말았다.

임종 때 순봉이 홀어머니에게 말했다. "어머니, 저는 죽어서 밤낮으로 날아다닐 수 있는 몸이 되어 초당 근처에서 숙경 낭자만을 지켜보겠습니다." 이 말을 마치고 순봉은 숨을 거두었다.

그다음 여름이 되었다. 순봉의 영혼은 반딧불이가 되어 소원하던 대로 초당 근처를 날아다닐 수 있게 되었다. 이 사실을 모르는 숙경은 여름이 되면 반딧불이를 잡았다. 그리고 종이 봉투에 넣어서 침실 안에 두었다. 반딧불이가 된 순봉의 영혼은 그렇게나마 숙경을 지켜보면서 슬픈 사랑을 달랬다고 한다.

해외에도 반딧불이 관련 전설들이 있다. 옛날 중국에서는 병사들이 전쟁터에 나갈 때 반딧불이로 만든 무위환(武威丸)이라는 것을 들고 나갔다. 이렇게 하면 병마나 재앙, 심지어는 전쟁터에서 날아오는 화살도 피할 수 있다고 믿었다. 또 고대 로마에서는 반딧불이를 행복에 비유했다. 그리고 이룰 수 없는 공상적인 행복은 밤하늘의 별에 비유했다. 절대로 딸 수 없는 별 대신 노력하면 손에 줄 수 있는 행복이 진정한 행복이라는 것이 로마 인들이 반딧불이를 통해서 하고 싶은 이야기였을 것이다.

　반딧불이는 의약품으로도 사용되었다. 칠석날 잡은 반딧불이로 만든 고약은 백발을 흑발로 만든다고 여겼다.

　무더운 여름밤에 어른들은 유년 시절 반딧불이를 가지고 놀았던 아름다운 추억이 있을 것이다. 반딧불이를 박꽃 속에 넣어서 반디등불을 만들기도 하고 반짝이는 발광 마디를 잘라내 이마에 짓눌러 문지르고 귀신놀이를 하기도 했을 것이다. 나중에 세조 임금이 된 수양대군도 어릴 적 반딧불이의 추억을 잊지 못해서 백성들에게 반딧불이를 잡아오라고 한 다음 수백 마리를 풀어서 경회루 앞뜰에서 그 장관을 즐겼다고 한다.

　동요에서도 반딧불이에 관한 것을 찾을 수 있다. 반딧불이와 관련된 동요는 10여 편 된다. 그중에서 아이들이 박꽃 속에 반딧불이를 넣어서 불을 밝히며 돌아다닌다는 동요가 있다.

　　불한디야 불한디야.
　　호박꽃도 꽃이란
　　호박꽃에 앉아시냐.

호박꽃 초롱 메영

들렁 가젠 하난.

어둑구나 어둑구나.

빨리 빨리 비쳐근

발 걸리게 말려무나.

여기에서 '불한디'는 제주도의 아이들이 반딧불이를 부르던 말이다. 이 노래를 소리 내 읽다 보면 제주도의 여름밤, 해지는 줄 모르고 놀던 아이들이 반딧불이 불빛을 등불 삼아 집으로 돌아가는 모습이 선명하게 그려진다.

개똥벌레 노트~*

반딧불이 채집 요령 ②

반딧불이가 계속 날아다니는 것은 아니다. 날아가다가 풀잎에 앉을 때도 있다. 풀잎에 앉으면 헤드랜턴을 켜고 손으로 잡아 채집통에 조심스럽게 담아야 한다. 바닥에 떨어뜨리지 않게 조심하자. 다시 찾기 힘들다.

또한 반딧불이 중에서 늦반딧불이와 파파리반딧불이는 암컷이 날 수 없다. 그래서 암컷을 채집하기 위해서는 풀숲 아랫부분을 쳐다보면서 반짝이는 움직임을 찾아야 한다.

암컷은 수컷의 불빛을 보고 반응을 하기 때문에 수컷 반딧불이를 잡아서 투명한 통에 넣고 들고 다니면서 수컷의 불빛을 보고 깜빡거리는 암컷을 찾는 것도 좋다. 수컷이 없다면 라이터를 반딧불 대신 사용할 수 있다.

반딧불이의 채집은 밤에 이루어진다. 때문에 주간 채집보다 주의가 필요하다. 특히 뱀과 같은 위험한 동물이 있는지 조심해야 된다. 주변이 항상 어둡기 때문에 발을 헛디뎌서 다치지 않도록 조심도 해야 된다. 잘못 하면 그림처럼 된다.

열두 번째 이야기

반딧불이로 책을 읽어 봤나요?

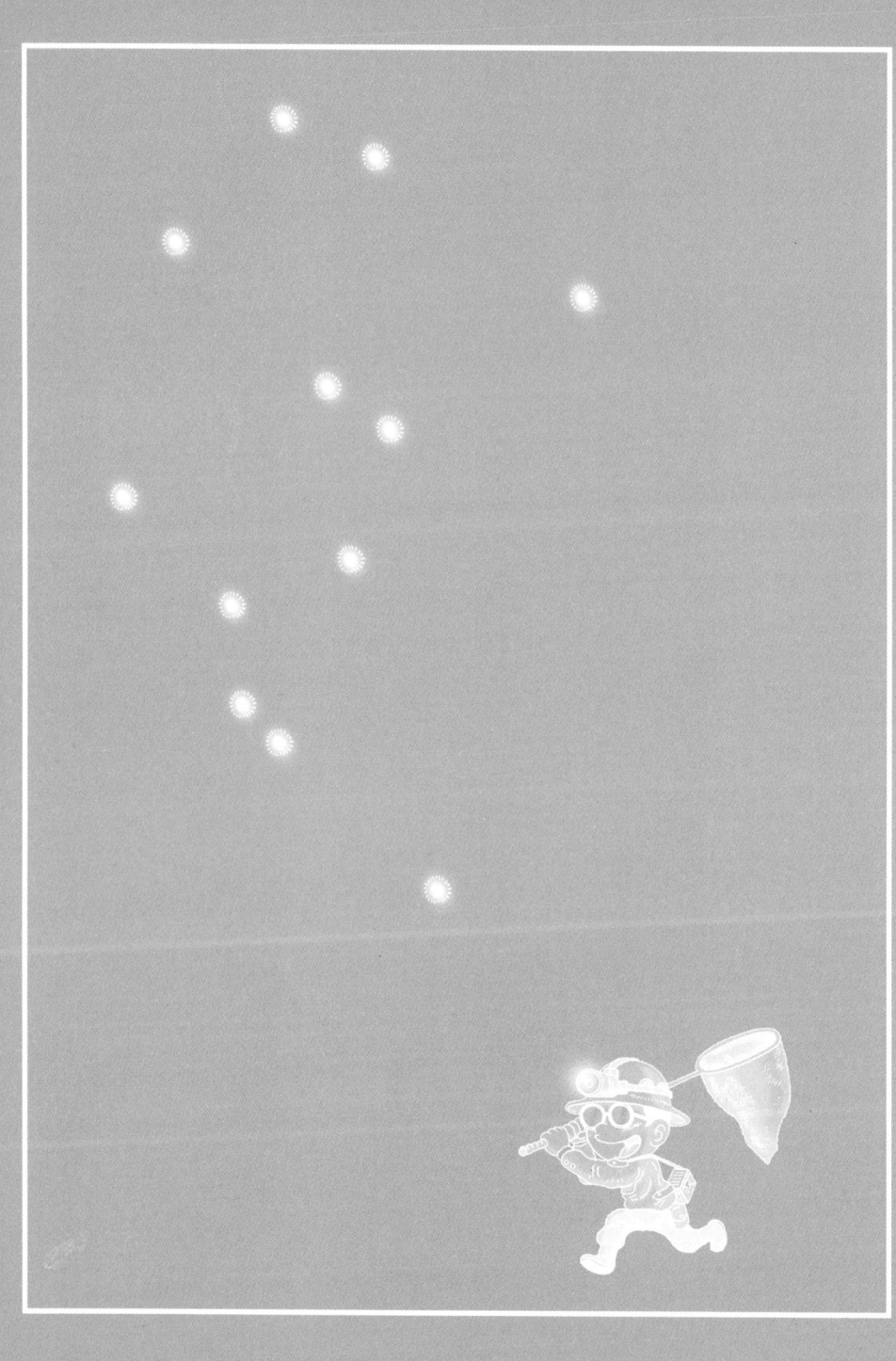

반딧불이로 책을 읽다

1996년 6월 어느 날 밤. 하늘 한복판에 찬란한 은하수가 걸리고 수많은 별빛이 비처럼 쏟아진다. 그러나 지상에서도 그에 못지않은 별들이 찬연하게 빛을 낸다. 몇 시간 동안 이리저리 뛰며 채집한 반딧불이들이 하얀 반투명 상자 안에서 빛을 내며 자신만의 자태를 뽐낸다.

채집 상자를 청사초롱처럼 여기저기를 비추어 본다. 보이지 않던 풀잎들이 환한 반딧불이의 불빛을 받아 사랑스럽게 변한다. 150여 마리의 반딧불이가 점멸하는 불빛은 마치 크리스마스트리에 불을 켜 놓은 것을 착각할 정도였다. 한여름인데도 나도 모르게 캐럴을 불렀다.

그날 밤의 첫 번째 실험은 반딧불이가 날개를 펴고 날아가는 장면을 관찰하는 것이었다. 반딧불이를 담은 채집 상자를 숲 가운데에 놓았다. 그리고 우리 눈에는 반딧불이가 잘 보이지만 반딧불이에게는 우리가 잘 보이지 않을 것 같은 곳으로 이동했다. 모두 숨을 죽이고 아름다운 장관을 기대하며 바라보았다. 채집 상자 옆에 마지막까지 서 있던 사람이 조심스럽게 뚜껑을 열고 우리 쪽으로 뛰어왔다.

우리는 채집 상자의 반딧불이들을 뚫어지게 쳐다보았다. 처음에 반딧불이들은 상자 안에서 걸어 다니기만 했다. 그러나 시간이 흐르자 하나둘 하늘로 날아오르기 시작했다. 그게 신호였던 걸까? 다른 반딧불이도 같이 날아올랐다. 수많은 반딧불이들이 한꺼번에 날아오르는 장면은 그야말로 장관이었다.

반딧불이의 비상 과정에 뭔가 독특한 게 있는지 확인한다는 것은 상상도 못 한 채 넋을 놓고 채집 상자에서 숲으로 이어진 빛의 다리를 바라보았다.

그때 갑자기 한 가지 실험을 더 해야 한다는 생각이 들었다. 그 실험은 반딧불이가 많으면 많을수록 좋은 실험이었다. 반딧불이가 숲으로 날아가기 전에 가능한 한 많이 도로 잡아야 했다. 포충망을 들고 잽싸게 뛰어가며 반딧불이를 포충망에 담았다. 풀어 주자마자 다시 잡는 게 잠깐 마음에 걸렸는지 포충망을 잘 놀리지 못했다. 결국 채집된 반딧불이는 그리 많지 않았다. 모두 85마리였다.

　이렇게 채집한 반딧불이들을 가지고는 두 번째 실험을 했다. 반딧불로 책을 읽어 보는 것이었다. 채집 상자 안에 있는 반딧불이를 가지고 차 안으로 들어왔다. 차 안에서 출력물의 글자를 읽어 보기 시작했다. 반딧불이의 반짝이는 불빛으로 큰 글자들은 읽을 수 있었다. 그러나 작은 글자들은 읽기가 어려웠다. 반딧불의 광량이 부족한 것이었다. 밖에 나가서 반딧불이를 더 채집해야 했다. 포충망을 들고 채집을 시작했다.

　반딧불이를 더 잡아왔다. 그리고 다른 지역에서 채집한 반딧불이도 동원했다. 총 반딧불이의 수는 180마리가 조금 넘었다. 반딧불이들을 모두 한 채집 상자에 모아서 차 안으로 들어왔다. 어두운 차 안에서 조금 전에 보았던 자료들 위에 반딧불이의 불빛을 비추어 보았다. 반딧불이들이 반짝이기 시작했고 보이지 않았던 작은 글자들도 모두 읽을 수 있었다. 반딧불로 공부했다던 중국의 차윤(車胤)이 된 것 같았다.

반딧불이의 불빛은 실제로 1마리에 3럭스 정도라고 한다. 일반적으로 사무실의 밝기가 평균 500럭스이니 반딧불이 200마리가 있으면(약 600럭스) 신문을 포함한 일반 책들은 모두 읽을 수 있다. 그렇지만 반딧불이의 불빛은 켜졌다 꺼졌다 하기 때문에 생각보다는 좀 어둡다. 반딧불이 불빛만으로 책을 읽는다면 한 권을 다 읽기 전에 눈이 지치고 말 것이다.

앞에서 이야기한 차윤이라는 사람은 눈에 반사된 달빛으로 공부했다는 손강과 함께 '형설지공(螢雪之功)'의 고사로 유명하다. 중국의 진나라 효무제 때 사람인 차윤은 어려서부터 성실하고 생각이 깊으며 학문에 뜻을 두고 있었으나 형편이 되지 못했다. 가난한 차윤은 집에 보탬이 되고자 낮에는 밖으로 나가 일을 해야만 했다. 게다가 밤에는 등불을 밝힐 기름을 살 돈이 없어 책을 읽지 못했다. 그래서 차윤은 고민을 했다. 고민 끝에 그는 낡은 명주 주머니에 반딧불이를 넣어서 등불 삼아 책을 읽었다. 이렇게 열심히 공부해서 후에 벼슬이 상서랑(尙書郎, 황제의 측근으로 주요 서류를 관리하던 관료)에까지 이르렀다.

반딧불이로 책을 읽어 봤나요? 161

그리고 같은 시기에 손강(孫康)이라는 사람도 있었다. 차윤과 마찬가지로 너무 가난해서 밤을 밝힐 기름을 구할 수 없었다. 그래서 겨울이 되면 창가에 앉아서 밖에 쌓인 눈빛에 책을 비추어 가면서 공부를 했다. 손강도 젊었을 때부터 청렴결백하여 후에는 어사대부(御史大夫, 관료들을 감찰, 탄핵하는 부서의 우두머리)라는 관직에까지 오르게 되었다.

사람들은 이 차윤과 손강의 고사에서 "역경을 이겨내고 열심히 공부하여 이룩한 성공"을 뜻하는 형설지공(螢雪之功)이라는 말을 만들어 냈다. 비슷한 말로는 형창설안(螢窓雪案)이 있다. 반딧불이 창에, 눈 책상이라는 뜻이다. 그리고 설창형안(雪窓螢案, 눈 창에, 반딧불이 책상), 설창형궤(雪窓螢机, 눈 창에, 반딧불이 책상), 차형손설(車螢孫雪, 차윤의 반딧불이, 손강의 눈) 등도 같은 고사에서 만들어진 말들이다.

하지만 반딧불이 불빛으로 밤새 공부하려면 얼마나 많은 반딧불이가 필요했을까? 그리고 그 많은 반딧불이를 잡으려면 얼마나 많은 시간을 뛰어다녀야 했을까? 오히려 공부할 시간, 체력을 모두 잃지 않았을까? 그래도 지금보다는 반딧불이가 많았을 테니 가능한 일이었을 것이다.

채집과 몇 가지 실험을 마치고 집으로 돌아오자마자 반딧불이가 든 채집 상자를 책상 위에 올려놓았다. 책상 위에서 별빛들이 반짝인다. 책장에서 소설책을 꺼내고 반딧불이들이 든 채집 상자를 책상 위에 두었다. 어두운 방안에서 소설책을 읽을 수 있었다. 반딧불이로 책을 읽는 재미가 꽤 쏠쏠했다.

철없이 반딧불이를 쫓아다니던 시절, 그래도 반딧불이가 제법 있어 행복했던 시절의 하루가 이렇게 막을 내렸다.

반딧불의 색깔과 파장

반딧불이는 대체 어떤 불빛을 내는 것일까? 우선 빛은 본질적으로 전자기파다. 전기장과 자기장의 파동인 전자기파는 파장에 따라 긴 것부터 마이크로파(전파), 적외선, 가시광선, 자외선, 엑스선, 감마선으로 나뉜다.

마이크로파는 파장의 길이가 수 미터에 이르고, 엑스선은 100억 분의 1센티미터에 불과하다. 이중에서 우리가 볼 수 있는 전자기파, 즉 우리가 주로 빛이라고 부르는 것은 파장이 400~760나노미터인

가시광선이다(나노미터는 10억분의 1미터).

　반딧불이의 불빛인 반딧불은 기본적으로 가시광선 대역의 불빛이다. 도서관에서 이 자료, 저 자료 뒤져 봤지만, 반딧불이가 내는 빛의 파장은 500~700나노미터이며 색깔은 보통 노랑색, 황록색, 귤색이라는 정보가 다였다. 반딧불이 종마다 파장이 어떻게 다른지, 반딧불이의 파장을 분석하는 방법은 무엇인지 같은 정보들은 눈을 씻고 봐도 찾기 힘들었다. 일반 서적뿐만 아니라 논문 자료들도 나를 만족시켜 주지는 못했다.

　처음 반딧불이로 책을 읽고 몇 년이 흐른 다음 다시 반딧불의 정체가 궁금해져서 다시 논문들을 찾았다. 몇 가지의 논문에서 관련된 참고 문헌들을 찾을 수 있었다. 그 참고 문헌들에는 반딧불의 파장을 측정해 보는 방법이 다음과 같이 나와 있었다.

　어두운 암실에 빛의 파장을 분석할 수 있는 광학 분광계를 설치한다. 그리고 빛이 들어가지 않는 상자를 준비하고 그 안에 반딧불이를 넣고 광학 분광계의 빛 검출기를 설치한다. 그리고 빛 검출기에 들어가는 필터를 교체해 가면서(빛 검출기에 들어가는 파장이 제한된다.) 반딧불이의 발광 기관에서 나오는 빛의 광량이 각 파장 대역에서 어떻게 변하는지 측정하여 스펙트럼을 만들면 된다.

이 참고 문헌에서는 일본에 서식하는 루키올라 쿠로이와에(*Luciola kuroiwae*)라는 반딧불이와 북아메리카 대륙에 서식하는 포티누스 피랄리스(*Photinus pyralis*), 펜고데스 라티콜리스(*Phengodes laticollis*), 포투리스 펜실바니카(*Photuris pennsylvanica*)의 불빛을 비교 분석했는데, 파장 영역은 모두 500~675나노미터로 나타났지만 광량이 가장 높은 파장대는 종마다 조금씩 달랐다.

나도 이 방법으로 파파리반딧불이 불빛의 파장을 분석해 보았다. 파파리반딧불이 불빛의 파장 영역은 가시광선의 전 영역인 400~700나노미터이었고 불빛의 광량이 가장 많은 영역은 600나노미터 영역이었다. 그리고 초록색 계열(500나노미터)에서 주황색 계열(600나노미터) 사이에 강한 스펙트럼이 나타나므로 불빛 자체도 노란 형광 빛을 띠었다.

이것은 반딧불이의 불빛이 어떤 파장에서 가장 센지를 분석하면 종을 분석할 수도 있다는 뜻이기도 하다. 예를 들어 노란 형광 빛을 내는 파파리반딧불이와 운문산반딧불이, 연두색 형광 빛을

내는 애반딧불이와 늦반딧불이처럼 반딧불이의 모양만이 아니라 불빛과 그 파장만으로 종을 구별할 수 있다.

아마도 이것은 반딧불이 발광 기관 안에 들어 있는 루시페린의 분자 구조가 종에 따라 조금씩 다르기 때문에 생기는 일일 것이다. 그리고 이것은 반딧불이의 외관이 잘 구별되지 않는 어두운 밤하늘이나 수풀 속에서 반딧불이 암컷이나 수컷이 같은 종의 짝을 정확하게 찾는 데 큰 도움을 줄 것이다.

실제로 반딧불이의 군무는 한 종류의 반딧불이만으로 이루어지지는 않는다. 장소와 시간에 따라 조금씩 다르기는 하지만 한

두 종의 반딧불이들이 함께 군무를 이루는 경우도 종종 볼 수 있다. 가시광선에 민감한 눈을 가진 사람도 수많은 반딧불이들 중에서 불빛만 보고 어떤 종이 어떤 종인지는 직접 잡아 보지 않고는 알 수 없다. 그러나 반딧불이들은 현란한 빛의 군무 사이에서 자신의 짝이 내는 빛의 파장을 잡아낸다. 그 뛰어난 능력은 우리는 흉내 낼 수조차 없는 것이다.

책을 마치며
추억의 빛, 반딧불이

  살아 있는 생명이 좋아서 선택한 길이 생물학도로서의 길이었다. 놀라운 생물의 세계에서 만난 곤충은 나를 매료시켰다. 매력적인 곤충과의 만남은 지금도 계속되고 있으며 내 생명이 다하는 순간까지 계속될 것이다.

  곤충들의 세계는 예전에는 생각지 못한 깨달음의 원천이다. 생명의 소중함은 물론이고, 사람의 삶을 되돌아보게 만드는 다양한 곤충들의 생활사가 가르쳐 주는 교훈이 곤충이라는 세계 안에 있다.

  1995년 6월 곤충 여행을 하다가 추억 속의 주인공이었던 반딧불이와 재회했다. 밤의 주인공 반딧불이를 관찰하면서 순수하고 따뜻했던 동심 속으로 여행을 한 기분이었다.

2003년 6월 따뜻한 어느 날 10여 년 전에 만났던 반딧불이를 다시 만나기 위해 춘천 지암리로 향했다. 별들의 수만큼이나 많았던 반딧불이를 만난 그 시절의 아름다운 추억을 떠올리며 춘천으로 가는 내내 가슴은 콩닥거리며 떨렸다. 그 당시 유난히 밝았던 반딧불이의 불빛이 아직까지도 뇌리에 깊이 남아 있다.

숲에 도착하자마자 반딧불이를 찾았다. 그러나 1시간이 지나도록 가로등 외에는 아무 반짝임도 찾을 수 없었다. 밤을 새면서 찾아보았지만 그 많았던 반딧불이를 한 마리도 발견할 수 없었다. 축 처진 어깨를 하고 숙소로 돌아왔다.

다음날 저녁이 되었다. 벌써 포기할 수는 없었다. 춘천의 다른 두 채집 지역으로 향했다. 제발 한 마리라도 만났으면 하는 생각이 굴뚝같았다. 계속 두리번거리며 찾다가 드디어 발견했다. 그러나 반딧불이는 단 세 마리뿐이었다. 급격하게 반딧불이의 개체수가 감소하고 있음을 직접 눈으로 확인할 수 있었다. 계속 번성하길 기도하는 맘으로 조심스럽게 반딧불이를 숲에 놓아 주었다.

반딧불이를 만날 수 있어서 다행이었지만 그 많았던 반딧불이들은 대체 어디로 사라진 것일까? 어두운 터널만 향해 가는 우리의 환경이 안타까울 뿐이었다. 반딧불이가 많이 살던 곳은 채석장으로 변한 곳도 있었다. 사람들은 개발이라는 명목으로 반딧불이 서식처를 쉽게 파괴한다. 그러나 살아가는 터전을 뺏긴 반딧불이에게는 무엇이 기다리고 있겠는가?

반딧불이의 원고를 쓰기 위해서 관련된 정보들을 모으고 정리하면서 항상 내가 너무 부족하다는 생각만 가득했다. 전공하시는 교수님들과 박사님들도 많이 계시고 반딧불이를 관찰하고 연구하시는 분들도 많이 있다. 하지만 이 책으로 인해서 우리나라의 반딧불이의 연구 활동과 생태계 복원 사업의 추진에 미력하나마 힘이 될 수 있기를 기대해 본다.

반딧불이의 초고를 완성하고 반딧불이를 다시 만나기 위해서 춘천으로 향했다. 돌을 맞이한 아이에게 문득 반딧불이를 보여 주어야겠다는 생각이 들었기 때문이다. 하지만 아이가 어려서 밤에 가는 것에 무리가 있었다. 그래서 낮에 반딧불이가 사는 장소라도 보여 주려고 채집 장소로 향했다. 그러나 그곳에는 도로 포장이 한창이었다. 도로 주변의 나무들과 초원들은 벌써부터 몸살을 앓고 있었다.

반딧불이가 많이 날아다니던 조용한 곳에 차를 세웠다. 이제

걸음마를 막 시작한 아들 건우와 숲을 한 바퀴 둘러보았다. 척박한 환경이지만 반딧불이가 밤하늘을 만끽하며 날아다니길 기도해 본다. 건우가 초등학생이 되어 다시 이곳을 찾을 때쯤에는 건우에게 반딧불이를 보여 주고 싶다. 건우의 마음에 따뜻한 지상에 내려온 별, 반딧불이를 말이다.

반딧불이의 아름다운 여정을 마치며 지난 날 함께 반딧불이를 찾아 다녔던 선후배와 동료의 얼굴들이 하나둘 떠오른다. 열정으로 반딧불이를 연구했던 심하식 박사님, 언제나 나와 함께 반딧불이를 찾아다녔던 최진규 선배님, 동료 박승훈, 오현경, 방남식에게도 감사를 드린다.

반딧불이의 아름다움을 찬란하게 그려 주신 홍승우 선생님, 사진을 협조해 준 이승일에게도 감사를 드린다. 그리고 아름다운 책을 잘 만들어 주신 (주)사이언스북스 식구들에게도 감사를 드린다.

더 읽을 만한 책들

 어린 아이들을 위한 곤충 책은 다양하게 나와 있다. 곤충 관련 정보를 소개해 주는 곤충 정보서, 곤충을 주제로 한 만화, 곤충을 주인공으로 한 동화 등이 아이들을 반딧불이를 비롯한 곤충의 세계로 안내해 준다.
 먼저 곤충 정보서로는 멋진 사진이 가득한 이수영의 『곤충의 비밀』(예림당, 2000)이 좋다. 곤충의 세계를 멋진 사진으로 한눈에 보여 준다. 아이들이 좋아하는 애완 곤충인 사슴벌레와 장수풍뎅이를 소개하는 장영철의 『큰턱 사슴벌레와 큰 뿔 장수풍뎅이』(스콜라, 2006)도 있다. 곤충을 좋아해서 키워 보고 싶은 어린이를 위한 훌륭한 안내서이다. 장영철은 대학 시절 나와 함께 딱정벌레를 찾아 산과 강을 헤매던 친구이기도 하다.

도토리 글, 권혁도 그림의 『곤충도감』(보리, 2002)은 정말 아름다운 책이다. 따뜻한 그림과 함께 세밀화로 곤충의 세계를 정감 있게 보여 준다. 곤충을 직접 관찰하는 데 도움이 되는 책으로는 『우리와 함께 살아가는 곤충 이야기』(아이세움, 2008)가 있다.

곤충에 관한 만화로는 이광웅의 『곤충 WHY?』(예림당 2002)가 좋으며, 소년 파브르와 함께 곤충의 생태를 배워 가는 홍승우의 『소년 파브르의 곤충 모험기』(애니북스, 2004)가 흥미진진하다. 만화가 홍승우 선생님은 예전부터 곤충과 자연에 대한 애정으로 유명했는데, 항상 곤충과 자연 그리고 과학을 주제로 한 만화들을 그리고 있다. 한국 최고의 과학 만화가라는 말이 어울리는 사람은 홍승우 선생님밖에 없지 않을까.

곤충 동화로는 장수풍뎅이를 소재로 한 김정환의 『세상에 장수풍뎅이가 되다니』(언어세상, 2006), 왕따라는 사회 문제를 소재로 한 『남생이무당벌레의 왕따 여행』(한림, 2007), 곤충의 사랑 찾기를 소재로 한 『물삿갓벌레의 배낭여행』(한림, 2006) 등이 있다. 뒤의 두 책은, 부끄럽지만, 내가 쓴 책이다.

이밖에도 좋은 책이 많이 있다. 하루는 아이들과 함께 숲으로 채집을 나가고, 또 하루는 서점이나 도서관으로 곤충, 자연, 과학 관련 책을 찾으러 가 보는 것도 좋지 않을까?

중고생 이상의 학생들과 일반인을 위한 곤충 관련 책은 그리 많은 편은 아니다. 그래도 여러 학자들과 아마추어 연구자들의 노력으로 좋은 책들이 제법 나와 있다.

곤충은 종류와 숫자가 많은 만큼 정보의 양도 매우 많다. 먼저 곤충에 관한 전반적인 이론을 아는 것은 기본이 된다. 한국곤충학회의 회원들이 저자가 되어 쓴『일반곤충학』(정문각, 1984)의 다양한 곤충 정보들이 곤충에 대한 일반적인 이론을 공부하는 데 매우 도움이 될 것이다. 그리고 곤충의 생리와 방어 메커니즘을 자세히 다루는 토머스 아이스너의『곤충: 전략의 귀재들』(삼인, 2006)이 놀라운 동물 화학의 세계로 안내할 것이다.

곤충의 거의 절반이 딱정벌레다. 그래서 딱정벌레를 아는 것은 곤충 공부의 기본이다. 딱정벌레들에 대한 책으로는 박해철의『딱정벌레』(다른세상, 2006)가 있다. 체계적인 설명이 자세하다. 아서 에번스 등의『딱정벌레의 세계』(까치, 2002)라는 책도 아름다운 그림과 환상적인 설명으로 가득한 멋진 딱정벌레 세계 입문서이다. 그리고 우리나라에 서식하는 딱정벌레들을 자세히 소개하는 책으로는 내가 쓴 『딱정벌레 왕국의 여행자』(사이언스북스, 2004)도 나쁘지 않다.

그리고 개미의 생태가 궁금하다면 최재천의 『개미제국의 발견』(사이언스북스, 1999)이 좋다. 잠자리에 관해 궁금하다면 정광수의 『한국의 잠자리 생태 도감』(일공육사, 2007)이 잠자리의 생활을 자세히 소개해 줄 것이다. 여러 가지 곤충들의 다양한 정보가 필요하다면 김진일의 『우리가 정말 알아야 할 우리 곤충 백 가지』(현암사, 2002)가 좋으며, 나비에 관한 정보가 필요하다면 김성수의 『우리가 정말 알아야 할 우리 나비 백 가지』(현암사, 2006)를 살피면 좋다.

채집을 가면서 보기 편한 가이드북으로는 조영권의 『주머니 속 곤충 도감』(황소걸음, 2006)과 배유현 등이 쓴 『주머니 속 나비 도감』(황소걸음, 2007), 박해철 등이 쓴 『딱정벌레』(교학사, 2006) 등이 있다.

반딧불이 통신
지상의 별, 반딧불이 이야기

1판 1쇄 펴냄 2008년 8월 5일
1판 5쇄 펴냄 2020년 11월 9일

지은이 한영식
그린이 홍승우
펴낸이 박상준
펴낸곳 (주)사이언스북스

출판등록 1997. 3. 24. 제16-1444호
(06027) 서울특별시 강남구 도산대로1길 62
대표전화 515-2000, 팩시밀리 515-2007
편집부 517-4263, 팩시밀리 514-2329
www.sciencebooks.co.kr

ⓒ 한영식, 홍승우, 2008. Printed in Seoul, Korea.

ISBN 978-89-8371-223-3 03400